An unsere Autoren

Die Zeitschrift veröffentlicht Beiträge zu folgenden Themen: Kontrolle und Analyse radioaktiver und stabiler Isotope, Anwendung radioaktiver und stabiler Isotope in allen Gebieten der Forschung und Technik, der Industrie, Landwirtschaft und Medizin, Herstellung radioaktiver und stabiler Isotopen sowie von markierten Verbindungen, kernelektronische Geräte für die Isotopenanwendung (Dickenmesser, Dichtemesser u. ä.) Detektoren für isotopentechnische Arbeiten und den Strahlenschutz in Isotopenlaboratorien, Meßtechnik und Strahlenschutz, Dosimetrie in Isotopenlaboratorien, kerntechnische Geräte für die Isotopenanwendung (Beton, Bestrahlungsanlagen u. ä.), Strahlenchemie, Radiochemie, ökonomische und perspektivische Fragen, Fragen der Weiterbildung.

1. Aufnahme von Manuskripten

Zur Veröffentlichung angenommen werden nur druckreife, noch nicht anderweitig publizierte Beiträge in deutscher, englischer oder russischer Sprache zum Themenbereich der Zeitschrift und zwar

- Originalarbeiten
- Kurze Mitteilungen
- Aus der Praxis
- Zusammenfassende Berichte
- Tagungsberichte
- Informationen.

Sind der Beitrag oder Teile daraus bereits veröffentlicht oder ist eine anderweitige Veröffentlichung vorgesehen, so muß dies der Redaktion mit genauer Angabe der Zweitveröffentlichung mitgeteilt werden. Mit der Annahme des Manuskriptes behält sich der Verlag das Recht der Vervielfältigung, Verbreitung und Übersetzung innerhalb der gesetzlichen Schutzfrist vor. Auszugsweiser Nachdruck oder photomechanische u. a. Wiedergabe sind an eine schriftliche Genehmigung des Verlages gebunden. Manuskripte, Zeichnungen und Photos von veröffentlichten Arbeiten werden nur auf den besonderen und bis zum Zeitpunkt der Veröffentlichung mitgeteilten Wunsch des Autors zurückgesandt.

Bei der unverlangten Einreichung von Manuskripten wird empfohlen, eine Befürwortung eines der Herausgeber oder Redaktionsausschußmitglieder beizufügen.

Manuskripte sind einzureichen bei der Redaktion, PSF 370, DDR-7010 Leipzig

2. Form der Manuskripte

Die Autoren werden gebeten:

2 Manuskripte, eines davon in Original-Maschinenschrift, einseitig und mit 2zeiligem Abstand einzureichen; gut leserliche Photokopien sind zulässig; auf dem 1. Blatt (unter Weglassung der Bezeichnung)

- den Titel der Arbeit
- Vorname-Initialen und Namen sämtlicher Autoren
- gegebenenfalls die Institution, in der sie tätig sind
- eine kurze Zusammenfassung der Arbeit von höchstens 15 Zeilen
- Keywords in alphabetischer Reihenfolge und
- als Fußnote die Anschrift der Institution anzugeben;

wenn möglich, Zusammenfassung, Titel und Autoren *englisch* (bei deutschem oder russischen Manuskript) bzw. *deutsch* (bei englischem Manuskript) 2fach beizufügen;

Literaturhinweise (fortlaufend numeriert), Fußnoten, Tabellen, Abbildungen (in 2—3facher Veröffentlichungsgröße), Abbildungsunterschriften (getrennt von den Abbildungen und Zeichenerklärungen, Quellenangaben, falls erforderlich, und gegebenenfalls mit einem Vermerk für besondere Wünsche bezüglich der Abbildungsgröße), private und Dienstanschrift der Verfasser mit akademischen Titeln und ausgeschriebenen Vornamen auf besonderen Blättern ans Ende des Manuskriptes zu stellen;

Wünsche für den Kolumnentitel (Seitenüberschrift) bekanntzugeben;

Absätze durch Einzüge von mindestens 3 Anschlägen kenntlich zu machen; die Maßeinheiten des SI-Systems („Systeme International") zu verwenden; Korrekturen im Manuskript unmittelbar an der zu korrigierenden Stelle anzubringen;

Formeln deutlich lesbar und möglichst groß einzutragen;

Farbabbildungen und nachträgliche Änderungen oder Ergänzungen in Abbildungen zu vermeiden;

hervorzuhebende Textstellen zu unterstreichen, und zwar halbfetten Satz mit einer geraden schwarzen Linie, kursiven Satz (Schrägschrift) mit einer blauen Wellenlinie (alle Eigennamen). Sperrungen gestrichelt;

besondere Buchstaben durch farbige Unterstreichung zu kennzeichnen, und zwar Formelzeichen in

- Griechisch-Kursiv (α, β, ...) rot,
- Kursiv (*A*, *B*, ...) blau
- halbfetter Kursiv (**A**, **B**, ...) 2 Linien blau (Vektoren),
- halbfetter Grotesk (**A**, **B**, ...) 2 Linien violett (Tensoren);

bei Literaturangaben auf Vollständigkeit zu achten. In nachstehender Reihenfolge müssen angegeben sein:

a) bei *Zeitschriften*: Vorname-Initialen und Namen sämtlicher Autoren, Titel der Zeitschrift (nach „Periodica Chimica" oder möglichst wenig gekürzt), Bandnummer (unterstrichen), Jahreszahl (in Klammern), Heftnummer (nur bei Zeitschriften, die jedes Heft mit S. 1 beginnen) sowie die Seitenzahl, auf der die zitierte Arbeit beginnt.

b) bei *Büchern*: Initialen der Vornamen und Name des Autors (Herausgeber werden durch den Zusatz „ed." gekennzeichnet), voll ausgeschriebener Titel des Buches in der Originalsprache, evtl. Bandnummer, voll ausgeschriebener Name des Verlages, Nummer der Auflage (außer der ersten), Erscheinungsort(e), Erscheinungsjahr (hier nicht in Klammern setzen!) und evtl. Kapitelnummer, Seitenzahl u. ä.

c) bei *Sammelbänden, Tagungsberichten*: Es soll zusätzlich der Titel des zitierten Beitrags angegeben werden. Die Seitenzahl muß unbedingt angegeben werden. Aus dem Zitat muß hervorgehen, ob es sich um einen Tagungssammelband oder um einen noch nicht veröffentlichten Vortrag handelt. Zwischen Tagungsort und Erscheinungsjahr des entsprechenden Tagungsberichts ist zu unterscheiden.

3. Korrekturen

Der Autor erhält zwei Umbruchabzüge, von denen einer möglichst schnell korrigiert an die Redaktion zurückgereicht werden soll. Auf Wunsch des Autors kann die Korrektur auch von der Redaktion gelesen werden.

Durch nachträgliche Manuskriptänderungen verursachte Korrekturkosten gehen, sofern sie 10% der Satzkosten übersteigen, zu Lasten des Autors.

Der Autor erhält 50 Sonderdrucke kostenlos. Weitere Sonderdrucke können bis zur Rückgabe der Korrekturabzüge auf Kosten des Autors bei der Redaktion bestellt werden.

Bezugsmöglichkeiten

Bestellungen sind zu richten

- in der DDR an den Postzeitungsvertrieb unter Angabe der Kundennummer des Bestellenden oder an den AKADEMIE-VERLAG BERLIN, Leipziger Straße 3—4, PF-Nr. 1233 DDR-1086 Berlin;
- im sozialistischen Ausland an eine Buchhandlung für fremdsprachige Literatur oder an den zuständigen Postzeitungsvertrieb;
- in der BRD und Berlin (West) an eine Buchhandlung oder an die Auslieferungsstelle KUNST UND WISSEN, Erich Bieber OHG, Wilhelmstraße 4—6, D-7000 Stuttgart 1;
- in den übrigen westeuropäischen Ländern an eine Buchhandlung oder an die Auslieferungsstelle KUNST UND WISSEN, Erich Bieber GmbH, General Wille-Str. 4, CH-8002 Zürich;
- im übrigen Ausland an den Internationalen Buch- und Zeitschriftenhandel; den Buchexport Volkseigener Außenhandelsbetrieb der Deutschen Demokratischen Republik, Postfach 160, DDR-7010 Leipzig; oder an den AKADEMIE-VERLAG BERLIN, Leipziger Straße 3—4, DDR-1086 Berlin.

Zeitschrift „Isotopenpraxis"

Herausgeber: Zentralinstitut für Isotopen- und Strahlenforschung der Akademie der Wissenschaften der DDR.
Verlag: Akademie-Verlag Berlin, Leipziger Straße 3—4, DDR-1086 Berlin, PF-Nr. 1233; Fernruf: 2236221 oder 2236229; Telex-Nr.: 114420;
Bank: Staatsbank der DDR, Berlin, Kto.-Nr.: 6836-26-20712.
Chefredakteur: Prof. Dr. H. Hübner, Leipzig.
Anschrift der Redaktion der Zeitschrift Isotopenpraxis: Prof. Dr. Hübner, Karl-Marx-Platz, Hauptpostamt, PSF 370, DDR-7010 Leipzig; Fernruf: 281018.
Veröffentlicht unter der Lizenznummer 1527 des Presseamtes beim Vorsitzenden des Ministerrates der Deutschen Demokratischen Republik.
Gesamtherstellung: VEB Druckerei „Thomas Müntzer", DDR-5820 Bad Langensalza.
Erscheinungsweise: Die Zeitschrift „Isotopenpraxis" erscheint monatlich. Die 12 Hefte eines Jahrganges bilden einen Band. Bezugspreis je Band 240,— DM zuzüglich Versandspesen; Preis je Heft 20,— DM. Der gültige Jahresbezugspreis für die DDR ist der Postzeitungsliste zu entnehmen.
Bestellnummer dieses Heftes: 1079/22/9.

AN (EDV) 12831
00900

9

Band 22 · September 1986

isotopenpraxis

AKADEMIE-VERLAG · BERLIN

ISSN 0021-1915 Isotopenpraxis, Berlin 22 (1986) 9, 297—336

Isotopenpraxis 22 (1986) 9, S. 297 bis 305

25 Jahre TL/OSL-Dosimetrie an der Technischen Universität Dresden

J. Fellinger, P. Schmidt, K. Hübner

(Technische Universität Dresden, Sektion Physik, Wissenschaftsbereich Strahlenschutzphysik)[1])

Frau Prof. Dr.-Ing. habil. Dr. h. c. *Lieselott Herforth* zum 70. Geburtstag gewidmet

Es wird ein Überblick über die in den letzten 25 Jahren an der TU Dresden durchgeführten Untersuchungen zur Thermolumineszenzdosimetrie und zur Dosimetrie mittels optisch stimulierter Lumineszenz optischer Stimulation gegeben. Schwerpunkte bilden dabei die Präparation von Leuchtstoffen, die Konfektionierung von Detektoren, die Bestimmung wesentlicher festkörperphysikalischer und dosimetrischer Eigenschaften sowie der Einsatz verschiedener TL/OSL-Detektoren für die Lösung von dosimetrischen Aufgaben. Ferner werden gerätetechnische Entwicklungen beschrieben.

A review is given about studies on thermoluminescence dosimetry and on dosimetry by means of optical stimulation, which have been carried out at the Technical University in Dresden during the last 25 years. The main fields are the preparation of luminescent materials, the manufacturing of detectors, the determination of essentially solid-state physical and dosimetric properties and the application of different TL/OSL-detectors for problems to be solved. Some details about the development of the scientific tools are described.

Keywords

dosimeters; dosimetry; luminescence; measuring methods; range; reviews; stimulated emission; thermoluminescence; thermoluminescence dosimetry

1. Einleitung

Die Thermolumineszenz (TL) ist ein schon lange bekanntes Phänomen. Man versteht darunter die Emission von Licht bei der Erwärmung eines Festkörpers nach vorheriger Anregung. In der Dosimetrie hat sich die TL erst seit den Arbeiten von *Daniels* im Jahre 1948 durchgesetzt.

An der Technischen Universität Dresden begannen *Herforth* und Mitarbeiter frühzeitig auf dem Gebiet der Thermolumineszenzdosimetrie zu arbeiten [1–7]. Später wurden auch Lumineszenzerscheinungen nach optischer Stimulation (OSL) untersucht [8, 9].

Die TL bzw. OSL sind leicht am Festkörper meßbare Erscheinungen. Es wird jeweils der Lichtstrom Φ_{TL} bzw. Φ_{OSL} als Funktion der bei bzw. nach der Ausleuchtung ablaufenden Zeit t registriert. Die Darstellung

$$\Phi_{TL} = \Phi_{TL}(t) \quad \text{bzw.} \quad \Phi_{TL} = \Phi_{TL}(T) \tag{1}$$

heißt Glowkurve (s. Abb. 1). Die Beziehung zur Temperatur T ergibt sich aus der Aufheizfunktion $q(t)$ zu

$$T = \int_0^{t_{end}} q(t)\, dt + T_0 . \tag{2}$$

t_{end} bezeichnet dabei das Ende der Auswertung und T_0 die Anfangstemperatur.

Im Falle der OSL erhält man eine Abklingkurve

$$\Phi_{OSL} = \Phi_{OSL}(t) . \tag{3}$$

Ausgehend von der Thermolumineszenz wurden zeitweise auch andere thermisch stimulierte Effekte untersucht: die thermisch stimulierte Exoelektronenemission (TSEE) und thermisch stimulierte Ströme (TSC). Da diese Untersuchungen aus Kapazitätsgründen jedoch bald eingestellt wurden, soll auf diese Verfahren hier nicht eingegangen werden. Es ist vielmehr das Ziel dieses Beitrages, die wichtigsten Ergebnisse zusammenzustellen, die auf dem Gebiet der TL- und OSL-Dosimetrie an der Technischen Universität Dresden im Verlaufe der letzten 25 Jahre erarbeitet wurden.

2. Herstellung von Dosimetern

2.1. *Präparation von Luminophoren*

Für die Lumineszenzdosimetrie war es zunächst erforderlich, geeignete Detektoren zu entwickeln. Mit der Herstellung von polykristallinen TL-Leuchtstoffen auf der Basis von LiF, CaF_2, $CaSO_4$ und Al_2O_3 wurde dieser Forderung nachgekommen. In allen Fällen wurden hochreine Li-, Ca- oder Al-Salze bzw. deren Lösungen benutzt. Durch Fällungsreaktionen mit Flußsäure, Schwefelsäure oder Ammoniaklösung wurden die Verbindungen hergestellt, wobei die Dotierung mit verschiedenen Aktivatoren meist durch gleichzeitige Mitfällung der entsprechenden Spurenelemente erfolgte. Nachfolgende spezielle thermische Behandlung führt zu den Leuchtstoffen.

LiF-Leuchtstoff wurde durch ein Ionenaustauschverfahren auf der Grundlage gereinigter LiCl-Lösung und „halbleiterreiner" Flußsäure synthetisiert. Als besonders günstig erwies sich die Verwendung von Mg als Aktivator; als Koaktivatoren wurden Ti, Al, Ca und Cu untersucht [10–14]. Heute wird dieses Leuchtstoffmaterial vom VEB Chemiewerk Nünchritz, Betriebsteil Dohna, unter der Bezeichnung „Dohna-lum®-LiF" hergestellt.

CaF_2:Mn und $CaSO_4$:Sm wurden aus der Fällungsreaktion zwischen ultrareinem $CaCO_3$ und HF bzw. H_2SO_4 gewonnen. Die Dotierung erfolgte wiederum durch Mitfällung entsprechend zugesetzter Mn- bzw. Sm-Ionen [6, 21].

[1]) Anschrift: DDR-8027 Dresden, Mommsenstraße 13

Der Luminophor Al_2O_3 wurde aus den Ausgangsprodukten $AlCl_3$ und Ammoniaklösung präpariert. Als optimale Aktivatoren erwiesen sich die Elemente Mg und Ca [15–17].

Leuchtstoffe auf der Basis von BeO wurden durch thermische Behandlung unter Zusatz von $LiCO_3$, KOH bzw. Na_2SO_4 präpariert. Großen Einfluß auf die dosimetrischen Eigenschaften hat die Sintertemperatur. Hier wurden noch nicht optimale und vor allem reproduzierbare Ergebnisse erhalten.

Die Herstellung des Speicherphosphors $Li_2B_4O_7$:Mn erfolgte durch Erhitzung einer 7 %igen Borsäurelösung und Zugabe der stöchiometrischen Menge Li_2CO_3. Das Einbringen des Aktivators erfolgt durch verdünnte $MnSO_4$-Lösung. Auch dieser Leuchtstoff wird durch den Betriebsteil Dohna des VEB Chemiewerk Nünchritz hergestellt [43]. Außerdem wurde dieser Leuchtstoff für spezielle Zwecke der Neutronendosimetrie durch Verwendung von ^{6}Li-Verbindungen präpariert [44].

Die Herstellung von $CaSO_4$:Dy bzw. $CaSO_4$:Tm erfolgte auf der Basis des klassischen Verfahrens von *Yamashita*. Durch eine Reihe von verfahrenstechnischen Verbesserungen konnten wesentliche Nachteile des klassischen Herstellungsverfahrens umgangen werden.

Durch präparative und analytisch-chemische Arbeiten sowie durch die Untersuchung der wesentlichen TL-Eigenschaften (Tab. 1) konnten für die Leuchtstoffe optimale Herstellungsverfahren entwickelt werden [6, 7, 10–14, 44, 68, 69].

In Abb. 1 sind die Glowkurven der praktisch wichtigsten Leuchtstoffe dargestellt.

Tab. 1. Relative Empfindlichkeit und Lage des Glowpeaks mit der größten TL-Intensität für einige Thermoluminophore

Leuchtstoff	relative Empfindlichkeit*	Lage des Hauptpeaks in °C
LiF:Mg, Ti	0,64	210
CaF_2:Mn	12,7	260
$Li_2B_4O_7$:Mn	0,09	95/225
$Li_2B_4O_7$:Cu	0,009	205
$CaSO_4$:Dy	26	230
$CaSO_4$:Tm	24	235
Na_2SO_4:Dy	3,5	200
MgB_4O_7:Dy	1,9	180
MgB_4O_7:Tb	4,2	195
BeO	0,21	205
BeO:Na	2,3	195
BeO:Li	3,6	215

* Empfindlichkeit TLD 100 (Fa. Harshaw) = 1

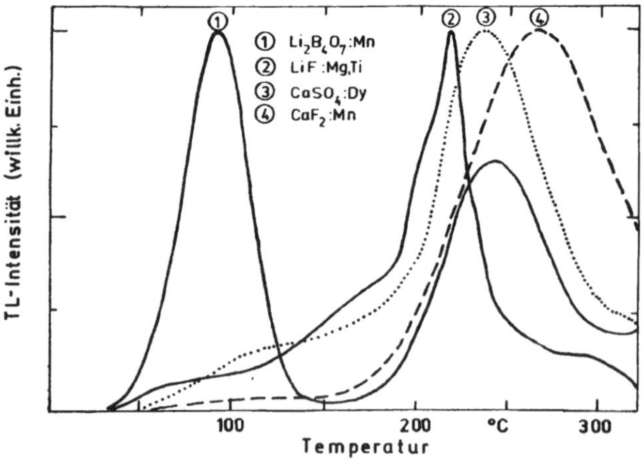

Abb. 1. Glowkurven der für die praktische Verwendung wichtigsten Thermoluminophore

2.2. *Konfektionierung von Detektoren*

Die in 2.1. beschriebenen Luminophore liegen nach ihrer Herstellung meist als Pulver verschiedener Korngröße oder als relativ feste Konglomerate vor. Sie müssen deshalb vor dem Einsatz als Dosimeter aufbereitet werden.

LiF:Mg, Ti, CaF_2:Mn und $CaSO_4$:Sm werden zerkleinert, gesiebt und die Fraktionen geeigneter Korngröße können nach einer Temperung für dosimetrische Meßaufgaben verwendet werden [6, 12–18]. Als geeignete Methode zur Anwendung von Pulver in der praktischen Dosimetrie wird in [19] ein Sedimentationsverfahren beschrieben, während in den ersten Jahren im allgemeinen der Leuchtstoff in Polyethylen-Kapselungen zur Bestrahlung kam.

Die Handhabbarkeit von Leuchtstoffpulver bereitet jedoch erhebliche Probleme, die sich insgesamt negativ auf die untere nachweisbare Dosis und die Reproduzierbarkeit auswirken. Aus diesen Gründen wurde auf die Herstellung kompakter Dosimeter orientiert, d. h. die Einbettung des Luminophors in Polymermatrixmaterialien oder die Herstellung gesinterter TL-Detektoren.

Vor allem gepreßte und gesinterte Leuchtstoff-PTFE-Thermolumineszenzdetektoren haben sich dabei als vorteilhaft erwiesen. Als Leuchtstoffe wurden dabei LiF:Mg, Ti [18], CaF_2:Mn und in letzter Zeit $CaSO_4$:Dy [57] eingesetzt. Durch spezielle mechanische Verfahrensschritte gelang es, die Stabilität (Form und Wölbungsfreiheit) auch bei höheren Temperaturen zu gewährleisten. LiF- und CaF_2-PTFE-TL-Detektoren werden heute vom VEB Chemiewerk Nünchritz gefertigt. Die kleintechnische Fertigung von $CaSO_4$:Dy-PTFE-Rohmaterial bzw. TL-Detektoren wird gegenwärtig vorbereitet. Bis zu einem Leuchtstoffgehalt von 50 Masseprozent werden sehr stabile Detektoren erhalten.

Gute Ergebnisse wurden mit Sinterdetektoren aus LiF:Mg, Ti und Al_2O_3 erreicht. Durch Zusammenarbeit des Staatlichen Amtes für Atomsicherheit und Strahlenschutz Berlin und des Betriebsteils Dohna des VEB Chemiewerk Nünchritz wurde die Herstellung von LiF-Sintertabletten realisiert [58]. Al_2O_3-Sinterdetektoren besitzen eine sehr gute Stabilität, die von anderen Konfektionierungsverfahren nicht erreicht wird [15–17].

Für spezielle dosimetrische Aufgaben (Neutronen-Gamma-Dosimetrie, Beta-Gamma-Dosimetrie) und für Forschungsaufgaben wurden extrem dünne TL-Detektoren auf der Grundlage einer Mischung von Leuchtstoff und temperaturbeständigem Klebstoff hergestellt [64, 70].

Für die Belange der OSL wurden vor allem CaF_2:Mn-Polyethylen-Detektoren gefertigt. Ein Überblick über einige untersuchte Herstellungsverfahren ist in [24] gegeben.

Die besten Ergebnisse wurden durch ein kombiniertes Preß-Schmelz-Verfahren erreicht [27]. Aus einem Halbzeug (Zylinder: ∅ = 70 mm, Höhe 50 mm) können OSL-Detektoren bis zu einer Dicke von 1 mm hergestellt werden. In Abhängigkeit von der Korngrößenverteilung des Leuchtstoffes können Detektoren mit einer Dicke von ca. 10 bis 50 µm gefertigt werden, wobei der Leuchtstoffanteil bis 50 Masseprozent betragen kann.

3. Elektronische Einrichtungen zur Auswertung von TL- und OSL-Dosimetern

Neben der Herstellung der in Abschnitt 2. beschriebenen Luminophore und Detektoren wurde der Schaffung geeigneter Auswertegeräte große Aufmerksamkeit gewidmet. Das betraf vor allem Heiz- und Ausleuchtesysteme, das Lichtnachweissystem mit dem PSEV und die Herstellung kompletter Geräte.

3.1. *Heiz- und Ausleuchtesysteme*

Bereits in den Jahren 1960 bis 1963 wurden verschiedene Methoden der Ausheizung von Thermoluminophoren erprobt und zunächst Versuche mit einem 800-Hz-Ultraschallsender durchgeführt [1].

Nachteilig waren die sehr hohen Abstrahlleistungen, die zum Erreichen einer Ausheiztemperatur von ca. 350 °C benötigt wurden sowie die Verschmutzung des Thermoluminophors durch das Kontaktmittel.

Deshalb wurde eine thermische Ausleuchteapparatur entwickelt [2—4].

Eine 500-W-Infrarotlampe erwärmt ein Blech konstant auf etwa 350 °C. Durch einen Gleitmechanismus gelangen die Kristallphosphore auf das heiße Blech und werden ausgeheizt. Insgesamt konnte diese Methode noch nicht befriedigen, da der größte Teil der erzeugten Wärme mit Hilfe einer Wasserkühlung wieder abgeführt werden mußte.

Erst die Verwendung von kleinen Heizöfen brachte eine befriedigende Lösung [20].

In einem für die Staatliche Zentrale für Strahlenschutz Berlin entwickelten TLD-System konnte die geforderte hohe Auswertefrequenz durch indirekte Aufheizung des Thermoluminophors realisiert werden [21].

Zur genaueren Untersuchung der physikalischen Eigenschaften der Thermoluminophore werden zeitlineare Aufheizfunktionen benötigt.

In [22] wird eine schrittweise Erhöhung der Heizspannung durch einen Spannungsteiler vorgesehen. Die Schaltintervalle sind zeitlich konstant, die Spannungsintervalle variabel. Dieses elektromechanische System läßt eine minimale Aufheizgeschwindigkeit von 2,5 Ks^{-1} zu. Bei noch kleineren Aufheizgeschwindigkeiten kann ein Heizsystem mit Rückkopplung verwendet werden [23].

Zur Stimulierung von OSL-Detektoren wurden zunächst Quecksilberfadenlampen benutzt [8, 9]. In den weiteren Arbeiten wurde zu Xenon-Blitzlampen übergegangen [24—28]. Diese haben sich als vorteilhaft erwiesen, weil bei ihnen die Stimulationsdauer nicht optimiert werden muß (wegen der δ-förmigen Stimulationsfunktion). Darüber hinaus ist diese Lichtquelle viel intensiver.

Systematische Untersuchungen zum Einfluß der Stimulationswellenlänge hatten gezeigt, daß sich bei CaF_2:Mn-Leuchtstoff das größte OSL-Signal nach Stimulation mit UV-Licht ergibt. Deshalb werden jetzt UV-Blitzlampen verwendet [25, 26].

3.2. *Lichtnachweissysteme*

Zum Lichtnachweis bei TL-Detektoren gelangten verschiedene Fotosekundärelektronenvervielfacher aus der Sowjetunion, England und der DDR zur Anwendung. Bezüglich der Anodenempfindlichkeit und des Dunkelstromverhaltens war ein Optimum aufzusuchen. Für die meisten Untersuchungen wurden SEV der Typen M12FS35 vom VEB Carl Zeiß Jena und 9524 A und 6256 S von der englischen Firma EMI eingesetzt [19, 29].

Zur Kühlung der Frontkatoden von SEV diente eine zweistufige Peltierkaskade [30].

Auch das Lumineszenzlicht von OSL-Detektoren wurde mit Fotosekundärelektronenvervielfachern (EMI 9524 A) gemessen [24—28]. Der Dunkelstrom wurde mittels Peltierkühlung verringert [26]. Langzeitschwankungen des SEV und des Stromintegrators wurden mit Hilfe einer Referenzlichtquelle berücksichtigt [26, 27]. Ferner wurden Schwankungen der Stimulationsintensität korrigiert [27].

Die Aufzeichnung des SEV-Stromes kann entweder über einen Schreiber oder digital erfolgen. Als Meßsignal kann dann bei der TL die Höhe eines Glowpeaks $\Phi_{TL}(T_m)$ oder die Peakfläche (Integral über $\Phi_{TL}(T)$), bei der OSL ein Wert $\Phi_{OSL}(t_i)$ bzw. das Integral über einen bestimmten Abschnitt der Abklingkurve dienen. Wegen der höheren Genauigkeit wird i. a. die integrale Methode bevorzugt. Die Peakhöhenmethode erlangt zunehmende Bedeutung beim Nachweis verschiedener Strahlungsarten (s. 4.3.).

Die Integration der TL- bzw. OSL-Lichtsignale liefert eine Ladung

$$Q_{TL} = \int_{T_1}^{T_2} \Phi_{TL}(T)\, dT \tag{4}$$

bzw. wegen Gl. (2)

$$Q_{TL} = \int_{t_1}^{t_2} \Phi_{TL}(t)\, dt\,. \tag{5}$$

Für die OSL erhält man

$$Q_{OSL} = \int_{t_W}^{t_W+t_M} \Phi_{OSL}(t)\, dt\,. \tag{6}$$

Dabei wird bei der TL von einer Anfangstemperatur T_1 bis zu einer Endtemperatur T_2 (bzw. von einer Startzeit t_1 bis zu einer Endzeit t_2) und bei der OSL nach einer Wartezeit t_W über eine Meßzeit t_M integriert.

3.3. *Auswertegeräte*

Zu Beginn der Arbeiten waren Auswertegeräte kommerziell nicht verfügbar. Deshalb wurde am damaligen Institut für Anwendung radioaktiver Isotope mit dem Bau und der Erprobung einer Kleinserie von Auswertegeräten mit der Typenbezeichnung „Lumimeter" begonnen [20, 31].

Charakteristisch für diese erste Generation von TL-Readern war der externe Meßkopf, in welchem die Detektoren aufgeheizt und das Lumineszenzlicht nachgewiesen wurde. Das Meßsignal wurde im Hauptkörper des Gerätes verarbeitet und mittels 4 Dekadenröhren angezeigt. Eine Variation des Ausheizzyklus war nicht möglich (Abb. 2).

Bereits 1964 wurde auf der Basis der bisherigen Forschungsarbeiten das Gerät „Lumimeter II" vom VEB Meßelektronik „Otto Schön" Dresden weiterentwickelt und als VA-M-30 „Lumivad" der industriellen Kleinserienproduktion zugeführt. Diese ersten Auswertegeräte fanden besonders für strahlentherapeutische Meßzwecke Anwendung und haben sich viele Jahre in Forschungsinstitutionen und Einrichtungen des Gesundheitswesens bewährt.

Die Untersuchungen zur OSL erforderten Anfang der 80iger Jahre erneut Arbeiten auf dem Gebiet des wissenschaftlichen Gerätebaus. Es wurde ein OSL-Meßplatz geschaffen, dessen wesentliche Komponenten

— ein Auswerteteil mit Stimulationseinheit (UV-Blitzlampe), mit SEV, Schiebevorrichtung und Probenhalterung,
— ein Stromintegrator (Picoamperemeter der Fa. Harshaw, USA, Modell 2000 B),
— eine Steuer- und Meßwertverarbeitungseinheit

sind [25, 27].

Die Steuerung und Meßwertverarbeitung erfolgt durch den Mikrorechner K 1520. Spezielle Interfacebaugruppen zum Datentransfer zwischen Rechner und Stromintegrator, zum Auslösen des Stimulationsblitzes und zur Realisierung der Zeitsteuerung des Meßablaufes wurden geschaffen.

Bei der Verwendung von UV-Blitzlampen (s. 3.2.) hatte sich gezeigt, daß auch die nichtstrahleninduzierte Lumineszenz zunimmt. Als einzige Möglichkeit zur Optimierung des Verhältnisses von strahlen-

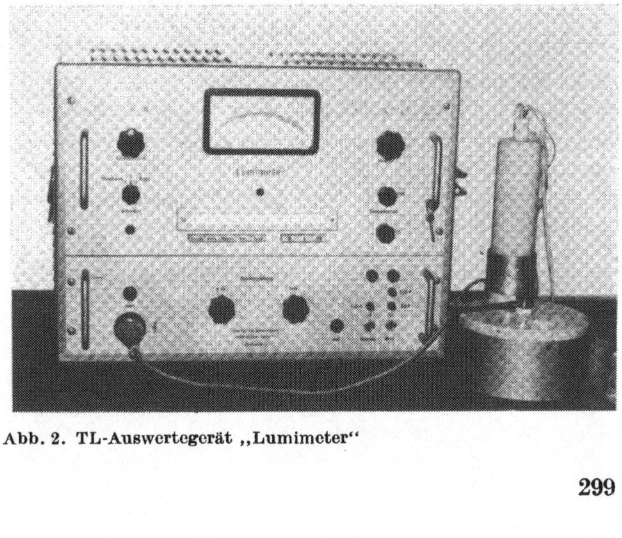

Abb. 2. TL-Auswertegerät „Lumimeter"

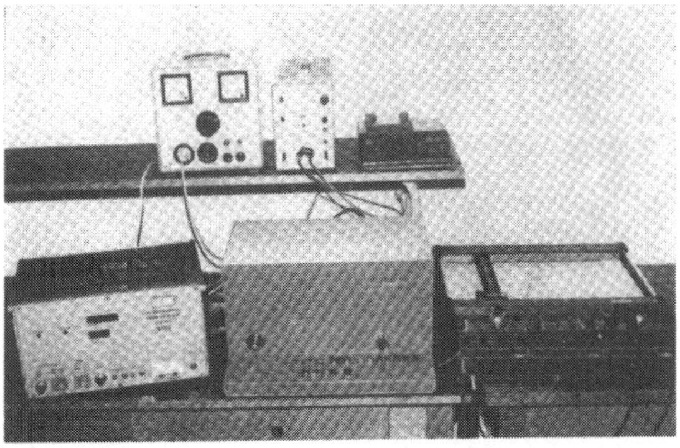

Abb. 3. OSL-Auswertegerät „Mikrolum" gekoppelt mit TL-Reader NHZ-203 und peripheren Auswerteeinheiten

induzierter und nichtstrahleninduzierter Lumineszenz erwies sich die Variation des Meßregimes. Untersuchungen ergaben, daß für eine Wartezeit t_W (Zeit zwischen Stimulation und Beginn der Messung des OSL-Lichtstromes) von 6 s und eine Meßzeit $t_M = 4$ s dieses Verhältnis ein Maximum hat [27].

Die Erfahrungen bei der Entwicklung der rechnergestützten Auswerteapparatur sowie systematische Untersuchungen der Eigenschaften von OSL-Detektoren auf CaF_2:Mn-Basis flossen in die Konzeption eines neuen, kompakten Gerätes „Mikrolum" ein [25].

Kennzeichnend für dieses Gerät ist die Unterbringung aller Baugruppen und Funktionseinheiten in einem Gehäuse. Im „Mikrolum" ist eine ZRE-Steckeinheit auf der Basis des K 1520-Systems implementiert. Durch eigene Softwareentwicklungen wurde ein residentes Betriebssystem von 4,5 kByte Umfang aufgebaut. Das Programmsystem ist modular angelegt und besteht aus einer Bibliothek von 70 Unterprogrammen. Der Anschluß peripherer Geräte und die Kopplung mit einem TL-Reader ist möglich (Abb. 3).

Die Kopplung von TL-Reader und „Mikrolum" gestattet neben der TL-Auswertung nach der Peakflächenmethode (innerhalb variabler Temperaturgrenzen) und nach der Peakhöhenmethode die statistische Verarbeitung der Meßergebnisse und eine Analyse von TL-Glowkurven.

4. Untersuchung der Eigenschaften von Speicherphosphoren

4.1. *Festkörperphysikalische Eigenschaften*

Für die Anwendung der verschiedenen Speicherphosphore zur Dosimetrie waren einige wesentliche festkörperphysikalische Eigenschaften zu untersuchen.

Spektrale Verteilung des emittierten Lichtes. Es hat sich gezeigt, daß Thermoluminophore von Vorteil sind, deren Emissionsmaxima zwischen ca. 400 bis 600 nm liegen. Einerseits besitzen die meisten SEV in diesem Wellenlängenbereich ihre größte spektrale Empfindlichkeit (je nach dem Material der Fotokatode) und andererseits treten in diesem Bereich die geringsten Beeinflussungen des TL-Lichtes auf. Im UV-Bereich kann es zu Absorptionsverlusten kommen, während im IR-Wellenlängenbereich die vom Heizer emittierte Wärmestrahlung Schwierigkeiten bereitet [15]. In Abb. 4 sind die Emissionsspektren der wichtigsten Speicherphosphore dargestellt. Von den untersuchten TL-Leuchtstoffen erfüllt Al_2O_3 die oben genannten Forderungen an das Emissionsspektrum nicht.

Aktivierungsparameter. Zur Einschätzung der Brauchbarkeit eines Phosphors für die Dosimetrie ist neben der Empfindlichkeit [34, 35] die Kenntnis der Aktivierungs-

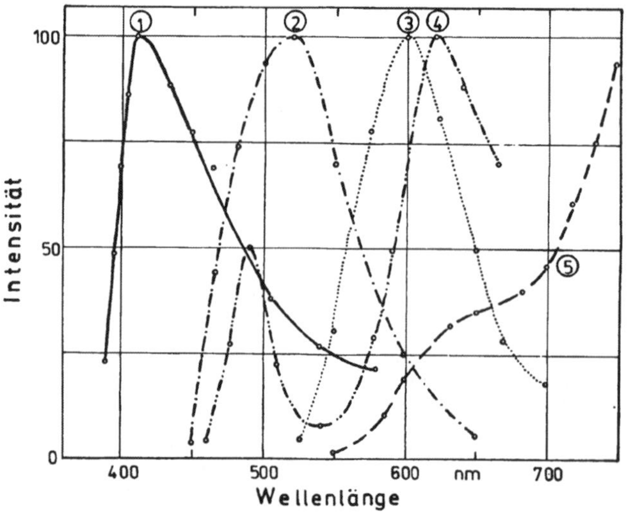

Abb. 4. Emissionsspektren einiger Thermoluminophore (① LiF:Mg, Ti, ② CaF_2:Mn, ③ $Li_2B_4O_7$:Mn, ④ $CaSO_4$:Dy, ⑤ Al_2O_3)

energie (Hafttermtiefe E) erforderlich. Deshalb wurden für die Thermoluminophore LiF, $Li_2B_4O_7$, CaF_2 und $CaSO_4$ die TL-Maxima analysiert, um die beobachteten Prozesse durch ihre Aktivierungsparameter beschreiben zu können.

Unter Verwendung der üblicherweise für den TL-Lichtstrom angenommenen Differentialgleichung (bei zeitlinearer Heizrate q)

$$\Phi_{TL}(T, q, E, \alpha_0, l) = -\frac{dn}{dT} = n^l \frac{\alpha_0}{q} e^{-E/kT} ; \qquad n_0 = n(T_0) \tag{7}$$

erhält man für die Aktivierungsenergie den Ausdruck

$$E = \frac{T_m^2}{\delta_j T_{\varkappa j}^{(l)}} . \tag{8}$$

Dabei ist n die Zahl der Elektronen, die in einem flachen Haftterm mit der Aktivierungsenergie E eingefangen sind, α_0 der Frequenzfaktor und k die *Boltzmann*-Konstante. Die Kinetikordnung l ergibt sich aus der Asymmetrie A der Glowkurve ($A = \delta_2/\delta_1$). Die Halbwertsbreite δ ist gleich der Summe der Schulterbreiten δ_1 und δ_2. T_m ist die Temperatur des Glowmaximums und die Koeffizienten $T_{\varkappa j}^{(l)}$ sind für jede Kinetikordnung typische Invarianten (s. [36]).

Der Frequenzfaktor α_0 ergibt sich aus der Extremalforderung $d\Phi_{TL}/dT = 0$ zu

$$\alpha_0 = \frac{qE \, e^{E/kT_m}}{k T_m^2} . \tag{9}$$

Die resultierenden Werte für E, α_0 sowie die Ordnung der Kinetik sind in [35] und [36] angegeben. Für unterschiedliche Probengeometrie können die Glowkurven ein wenig verschoben sein, aber die Aktivierungsparameter bleiben etwa gleich. Für LiF wurde die gesamte experimentelle Glowkurve durch ein Spektrum aufgelöster, unabhängiger Niveaus und zugeordneter Maxima beschrieben.

4.2. *Dosimetrische Eigenschaften*

Voraussetzung für den praktischen Einsatz der verschiedenen Speicherphosphore ist die Kenntnis der wesentlichen dosimetrischen Eigenschaften wie Verlauf der Glowkurve, Fading, Dosismeßbereich, Wiederverwendbarkeit und wiederholte Auswertung. Eingehend wurden diese Eigenschaften an LiF [6, 14, 18, 21, 37, 38], CaF_2 [3, 4, 21, 38, 39, 40], Al_2O_3 [15–17], $CaSO_4$:Dy [41, 42] und $Li_2B_4O_7$:Mn [43, 44] untersucht (Tab. 2).

Bei der Dosimetrie in Photonenstrahlungsfeldern muß man die Abhängigkeit der Detektorresponse von der Photonenenergie kennen (Abb. 5).

Tab. 2. Eigenschaften verschiedener Speicherphosphore für die TL-Dosimetrie

Thermo-luminophor	Dichte in $g \cdot cm^{-3}$	effektive Ordnungszahl	untere Nachweis-grenze in Gy	obere Nachweis-grenze in Gy	Fading bei Zimmertemperatur in % / Monat
LiF:Mg, Ti	2,60	8,2	10^{-5}	$5 \cdot 10^{3}$	3
Al_2O_3	3,5	11,2	10^{-6}	10^{5}	2
$Li_2B_4O_7$:Mn	2,3	7,4	10^{-3}	10^{5}	10
CaF_2:Mn	3,18	16,3	10^{-5}	10^{4}	8
$CaSO_4$:Dy	2,95	15,3	10^{-6}	10^{4}	4
$CaSO_4$:Tm	2,95	15,3	10^{-6}	$5 \cdot 10^{4}$	3
BeO:Na	3,0	7,5	10^{-3}	10^{3}	5
Na_2SO_4:Dy	2,65	11,7	10^{-4}	10^{4}	5

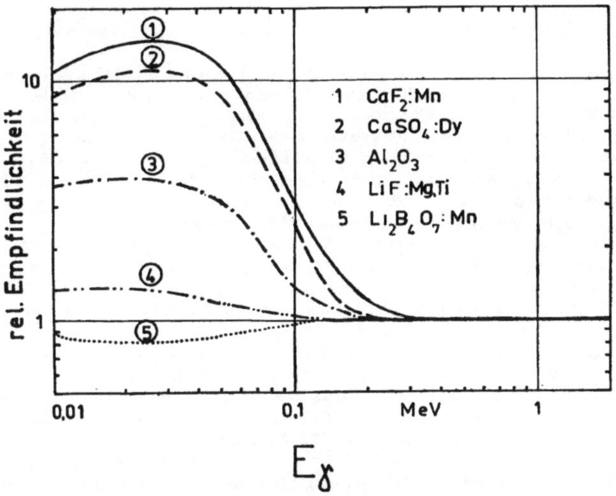

Abb. 5. Relative Detektorresponse als Funktion der Photonenenergie

In Tab. 3 sind wesentliche dosimetrische Eigenschaften der untersuchten Lumineszenzmaterialien bei optischer Stimulation (OSL) zusammengefaßt.

Die günstigsten OSL-Eigenschaften weist gegenwärtig der Leuchtstoff CaF_2:Mn auf. Das Fading von CaF_2:Mn bei Tageslicht und Zimmertemperatur beträgt ca. 15% in 90 Tagen; bei Lagerung im Dunkeln wird es auf ca. 11%/90 d reduziert. Im Gegensatz zur TL wird bei der OSL nicht der gesamte Meßeffekt gelöscht [8], so daß eine wiederholte Auswertung ohne Vorbehandlung möglich ist (Tab. 4). Durch intensives Ausleuchten mit einer UV-Lampe ist jedoch der Meßeffekt bei CaF_2:Mn vollständig löschbar.

Tab. 4. Wiederholte Auswertung von CaF_2:Mn-Polyethylen Detektoren durch optische Stimulation (nach [24])

Anzahl der Auswertungen: n	$Q_{OSL}(n)$* in %	3σ-Fehler in %
1	100	11,3
2	71,6	9,7
3	52,3	12,0
4	41,6	10,7
5	33,7	14,7

* normiert auf $n = 1$

4.3. *Eigenschaften nach Bestrahlung mit geladenen Teilchen und Neutronen*

Die Dosimetrie mit Hilfe von TL-Detektoren ist eine bekannte Technik für die Dosisbestimmung in Röntgen- und Gamma-Strahlungsfeldern. TL-Verfahren lassen sich aber auch für den Nachweis und die Dosimetrie von geladenen Teilchen und Neutronenstrahlung verwenden. Dazu ist es jedoch erforderlich, die Empfindlichkeit für diese Strahlungsarten experimentell oder rechnerisch zu bestimmen.

Empfindlichkeit gegenüber β-Strahlung. Besondere Bedeutung hat der Einsatz von TL-Detektoren in der Teilkörperdosimetrie (Bestimmung der Haut- und Handbelastung) [75]. Dazu ist die Kenntnis des Ansprechvermögens verschiedener TL-Detektoren für Beta-Strahlung unterschiedlicher Energie im Vergleich zur Gamma-Empfindlichkeit notwendig. Die günstigsten Ergebnisse werden für extrem dünne TL-Detektoren erreicht. Diese weisen jedoch noch nicht die geforderten mechanischen Stabilitätsparameter auf, und die untere nachweisbare Dosis ist für einen Einsatz in der Routineüberwachung zu hoch. Hier werden weitere Arbeiten durchgeführt.

Tab. 3. Wesentliche dosimetrische Eigenschaften der untersuchten Speicherphosphore bei optischer Stimulierung (OSL)

Leuchtstoff	Rel. Gamma-empfindlichkeit (CaF_2:Mn = 1)	untere nachweis-bare Dosis in Gy	Meßbereich	Löschbar-keit	Bemerkungen
CaF_2:Mn	1	0,01	linear bis mind. 1000 Gy	ja	sehr gute OSL-Eigenschaften
CaF_2:Dy	1,3	0,006	linear bis (7 ... 10) Gy, anschließend Supralinearität	ja	sehr gute OSL-Eigenschaften, größere Exemplarschwankungen
$CaSO_4$:Dy	0,4	0,18	linear bis 1,6 Gy, dann Sublinearität	nein	extrem hohe Empfindlichkeit für UV-Licht
$CaSO_4$:Tm	0,45	0,16	linear bis 2,4 Gy, dann Sättigung	nein	extrem hohe Empfindlichkeit für UV-Licht
Na_2SO_4:Dy	0,09	0,35	oberhalb 9 Gy Supralinearität	ja	Löschung mit sichtbarem Licht
MgB_4O_7:Dy	0,07	0,65	linear bis mind. 15 Gy	ja	
MgB_4O_7:Tb	0,09	0,54	linear bis mind. 15 Gy	ja	
BeO	0,01	0,93	oberhalb 5 Gy Supralinearität	ja	} z. T. sehr große Schwankungen bei der Auswertung
BeO:Na	0,1	0,25	oberhalb 5 Gy Supralinearität	ja	}

Empfindlichkeit von Thermolumineszenzdetektoren gegenüber schweren geladenen Teilchen. Sowohl für die Kalibrierung von TL-Detektoren für die Neutronen-Gamma-Dosimetrie als auch für den Einsatz in der Dosimetrie kosmischer Strahlungsfelder und für Grundlagenuntersuchungen spielt die genaue Kenntnis der Nachweiseffektivität der TL-Materialien von der Energie und der Art der geladenen Teilchen eine entscheidende Rolle.

In [71] werden Eigenschaften von TL-Detektoren nach Bestrahlung mit Schwerionen im Hochdosisbereich beschrieben. Es konnte gezeigt werden, daß unterschiedliche Strahlungsarten einen Einfluß auf die Glowkurvenform, die Dosischarakteristik und festkörperphysikalische Parameter haben. Tiefgehender wurde die Nachweiseffektivität für den Energiebereich von 2 bis 9 MeV für Protonen und Deuteronen untersucht (s. Lichtkonversionsfaktor).

Empfindlichkeit von TL- und OSL-Detektoren für Neutronenstrahlung. Wird als Meßeffekt eines TL-Detektors die Ladung Q_{TL} verwendet, dann ergibt sich die Neutronenempfindlichkeit von TL-Detektoren zu

$$m(E) = \frac{Q_{TL}(E)}{\Phi} \,. \qquad (10)$$

Dabei ist Φ die Fluenz monoenergetischer Neutronen der Energie E.

Da es Quellen monoenergetischer Neutronen nur für wenige Neutronenenergien gibt, ist es vorteilhaft, die Neutronenempfindlichkeit auf theoretischem Wege zu ermitteln. Für ausgewählte Neutronenenergien kann ein Vergleich zwischen Theorie und Experiment erfolgen.

Die physikalischen Grundlagen und Modelle zur Berechnung der Neutronenempfindlichkeit sind in [45, 60 – 63] dargestellt. Da bei TL-Detektoren Sekundärteilchen unterschiedlicher Art und an verschiedenen Stellen entstehen, ist es zweckmäßig, verschiedene Empfindlichkeitskomponenten zu betrachten:

$$m(E) = m_D(E) + m_R(E) + m_{n,\gamma}(E) + m_A(E) \,. \qquad (11)$$

Dabei ist

- $m_D(E)$ die Empfindlichkeitskomponente, die durch Wechselwirkung der Primärneutronen mit dem Detektormaterial hervorgerufen wird,
- $m_R(E)$ die Empfindlichkeitskomponente, die durch aus einem Radiator stammende Sekundärteilchen zustandekommt,
- $m_{n,\gamma}(E)$ die Empfindlichkeitskomponente, die durch die γ-Strahlung aus (n, γ)-Reaktionen im menschlichen Gewebe hervorgerufen wird und
- $m_A(E)$ die durch die Wechselwirkung der Albedoneutronen mit dem TL-Material entstehende Empfindlichkeitskomponente.

Es läßt sich zeigen [45], daß aus Gl. (11)

$$m(E) = m'_\gamma[f_D(E) + f_R(E) + f_{n,\gamma}(E) + f_A(E)] \qquad (12)$$

folgt, wobei der erste Faktor, die auf die Energiedosis bezogene Gamma-Empfindlichkeit der TL-Detektoren, experimentell bestimmt werden kann und die Summanden des zweiten Faktors aus dem Strahlungstransport berechnet werden können. Für Frei-Luft-Bestrahlung vereinfacht sich Gl. (12) zu [64, 65]:

$$m(E) = m'_\gamma[f_D(E) + f_R(E)] \,. \qquad (13)$$

Besonderer Schwerpunkt bei der Berechnung der Neutronenempfindlichkeit von Lumineszenzdetektoren war die Komponente, die durch geladene Sekundärteilchen aus wasserstoffhaltigen Radiatoren hervorgerufen wird. Hier wurden sowohl Plattengeometrien (Polyethylen-Kontaktradiator) als auch die Anordnung von Leuchtstoffkörnern in wasserstoffhaltigen Substanzen (Mischradiatortechnik) eingehender untersucht [65, 67, 70].

Für verschiedene TL- bzw. OSL-Detektoren ist die relative Neutronenempfindlichkeit $m(E)/m'_\gamma$ in Abb. 6 dargestellt.

Für TL/OSL-Detektoranordnungen auf der Basis von Misch- und Kontaktradiatoren ist die Neutronenempfindlichkeitskomponente $f_R(E)$ eine von mehreren Parametern abhängige Größe. So können die Dicke des eigentlichen Detektorelementes, die Kontaktradiatordicke, der Leuchtstoffgehalt im Detektorelement, die Korngröße des verwendeten Speicherphosphors und der mittlere relative Lichtkonversionsfaktor (LKF) die Empfindlichkeit in Abhängigkeit von der Neutronenenergie wesentlich beeinflussen.

Dabei hat sich gezeigt, daß sowohl für TL- als auch für OSL-Detektoren die größte $f_R(E)$-Komponente erreicht wird, wenn die Dicke des Kontaktradiators größer gleich der Reichweite der energiereichsten Sekundärteilchen im Radiatormaterial ist. Wesentlichen Einfluß auf die Neutronenempfindlichkeit von planaren TL-Detektor-Polyethylen-Kontaktradiator-Anordnungen hat die Dicke des Detektorelementes. Unabhängig von der Neutronenenergie werden die höchsten f_R-Komponenten für geringe Detektordicken erzielt [45, 62].

Monte-Carlo-Berechnungen für einen CaF_2:Mn-Polyethylen-OSL-Detektor (kombinierte Misch- und Kontaktradiatortechnik) haben gezeigt [25], daß die Dicke des Detektorelementes keinen Einfluß auf die Neutronenempfindlichkeitskomponente $f_R(E)$ hat. Der Korngrößeneinfluß nimmt im Bereich schneller Neutronen mit steigender Neutronenenergie ab und ist für $E \geq 14{,}7$ MeV vernachlässigbar. Für 1-MeV-Neutronen jedoch ist der Wert f_R (1 MeV) für eine mittlere Korngröße von 5 µm dreimal größer als für eine Korngröße von 30 µm. Veränderungen des Leuchtstoffgehaltes von 10 auf 30 % bewirken eine Veränderung der Neutronenempfindlichkeit um lediglich 10 %.

Die Verwendung von Leuchtstoffen, die gegenüber schweren geladenen Teilchen einen hohen relativen Lichtkonversionsfaktor besitzen, führt zu einer hohen Neutronenempfindlichkeit. Für den praktischen Fall muß mitunter ein Kompromiß gefunden werden, da Leuchtstoffe mit hohem Lichtkonversionsfaktor nicht unbedingt auch eine ausreichende absolute TL-Empfindlichkeit haben.

Neben der Berechnung der Neutronenempfindlichkeit erfolgte auch die experimentelle Bestimmung der Empfind-

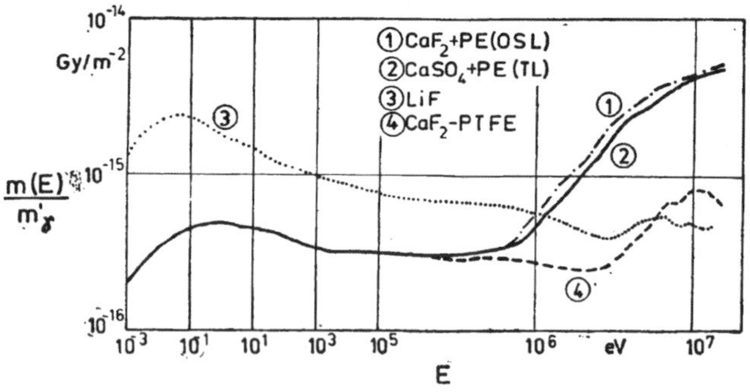

Abb. 6. Relative Neutronenempfindlichkeit $m(E)/m'\gamma$ als Funktion der Neutronenenergie für verschiedene TL/OSL-Detektoren

Tab. 5. Experimentell bestimmte Empfindlichkeit für thermische Neutronen verschiedener TL-Leuchtstoffe

Leuchtstoff	relative Empfindlichkeit für thermische Neutronen bezogen auf Gammaempfindlichkeit	
	^{252}Cf-Quelle moderiert	Reaktor WWR-S
LiF (Fa. Harshaw)	7,09	10,44
^{7}LiF (Fa. Teledyne)	0,70	0,95
^{6}LiF (Fa. Teledyne)	18,01	17,56
LiF (Chemiewerk Nünchritz)	3,58	6,16
$Li_2B_4O_7$:Mn (Chemiewerk Nünchritz)	4,37	3,94
$^{6}Li_2{}^{10}B_4O_7$:Mn	13,08	14,65
$Li_2B_4O_7$:Mn (ININ Havanna)	19,94	15,34

Tab. 6. Berechnete und experimentell bestimmte Neutronenempfindlichkeiten $m(E)$ verschiedener Radiator-Detektor-Kombinationen

Detektor-Radiator-Kombination	Neutronenenergie in MeV	$m(E)_{berech}$ in dig/cm^{-2}	$m(E)_{exp}$ in dig/cm^{-2}
TLD 700 mit 2,5 mm	3,2	$9{,}53 \cdot 10^{-8}$	$8{,}95 \cdot 10^{-8}$
Polyethylen-Kontaktradiator	5,7	$2{,}51 \cdot 10^{-7}$	$2{,}63 \cdot 10^{-7}$
	14,7	$9{,}59 \cdot 10^{-7}$	$1{,}01 \cdot 10^{-6}$
$CaSO_4$:Dy-TLD mit 2,5 mm	3,2	$5{,}42 \cdot 10^{-7}$	$5{,}48 \cdot 10^{-7}$
Polyethylen-Kontaktradiator	5,7	$1{,}09 \cdot 10^{-6}$	$1{,}07 \cdot 10^{-6}$
(Detektordicke 40 µm)	14,7	$1{,}84 \cdot 10^{-6}$	$1{,}92 \cdot 10^{-6}$
CaF_2:Mn-OSL-Detektor	3,2	$4{,}83 \cdot 10^{-10}$	$5{,}10 \cdot 10^{-10}$
(2,5 mm Polyethylen-Kontakt-	5,7	$9{,}02 \cdot 10^{-10}$	$9{,}20 \cdot 10^{-10}$
radiator, Detektordicke 0,5 mm,	14,7	$1{,}55 \cdot 10^{-9}$	$1{,}58 \cdot 10^{-9}$
Korngröße 35 µm)			
CaF_2:Mn-OSL-Detektor (2,5 mm	3,2	$3{,}97 \cdot 10^{-10}$	$3{,}95 \cdot 10^{-10}$
Polyethylen-Kontaktradiator,	5,7	$6{,}37 \cdot 10^{-10}$	$6{,}60 \cdot 10^{-10}$
Detektordicke 0,5 mm,	14,7	$1{,}01 \cdot 10^{-9}$	$1{,}03 \cdot 10^{-9}$
Korngröße 5 µm)			

lichkeit verschiedener Lumineszenzdetektoren für unterschiedliche Neutronenenergien bzw. Neutronenspektren.

Die experimentelle Ermittlung der Neutronenempfindlichkeit erfolgte an fünf verschiedenen Neutronenquellen:

- paraffinmoderierte ^{252}Cf-Quelle
- thermische Säule des Forschungsreaktors WWRS des ZfK Rossendorf
- (d, D)-Generator der TU Dresden
- Zyklotron U-120 des ZfK Rossendorf
- (d, T)-Neutronengenerator der TU Dresden.

Da bei der experimentellen Bestimmung der Neutronenempfindlichkeit häufig nicht nur Neutronen- sondern auch γ-Strahlung auftritt, muß der Anteil dieser γ-Strahlung eliminiert werden. Dies geschieht durch einen zweiten, relativ neutronenunempfindlichen TL-Detektor (s. [64 bis 66]).

Bei der Bestimmung der Neutronenempfindlichkeit von OSL-Detektoren wird analog vorgegangen [28, 67].

Tab. 5 gibt eine Übersicht der ermittelten relativen Empfindlichkeiten für thermische Neutronen von 10 verschiedenen TL-Leuchtstoffen [34, 35].

In Tab. 6 werden berechnete und experimentell bestimmte Neutronenempfindlichkeiten verschiedener TL- bzw. OSL-Detektoren mit wasserstoffhaltigen Radiatoren verglichen.

Die Ergebnisse zeigen, daß zwischen den berechneten und den experimentell bestimmten Empfindlichkeiten eine gute Übereinstimmung besteht.

Zur Berechnung der Detektorempfindlichkeit von Luminophoren werden das Bremsvermögen, die Reichweite und der Lichtkonversionsfaktor für die geladenen Sekundärteilchen benötigt [45, 46]. Ihre Bestimmung ist auch für die Lösung dosimetrischer Aufgaben in kosmischen Strahlungsfeldern notwendig (s. 5.).

Lichtkonversionsfaktor (LKF). Der Lichtkonversionsfaktor beschreibt die Nachweiseffektivität eines TL-Detektors in Abhängigkeit von der Energie und Art einfallender Teilchen. Für den praktischen Gebrauch sind relative LKF geeignet, weil ihre Bestimmung unabhängig von den Eigenschaften des Auswertegerätes erfolgt. Auf Grund der Vielzahl der Wechselwirkungsmechanismen der Primär- und Sekundärteilchen tragen theoretische Ermittlungen von LKF nur Modellcharakter und bedürfen einer experimentellen Überprüfung [46].

Für die experimentelle Bestimmung relativer LKF werden Leuchtstoffproben mit schweren geladenen Teilchen bestrahlt und ausgewertet. Dies wird mit einer Bezugsstrahlung (^{60}Co-γ-Strahlung) bei gleicher Vorbehandlung, Regeneration und gleichen Auswertebedingungen wiederholt. Der relative LKF η_i läßt sich dann aus den Meßeffekten (M_i und $M_{^{60}Co}$) und den jeweils absorbierten Dosen (D_i und $D_{^{60}Co}$) bestimmen:

$$\eta_i(E) = \frac{(M(E)/D)_i}{(M/D)_{^{60}Co}}. \tag{14}$$

Für die Bestrahlungen mit schweren geladenen Teilchen wurde eine Apparatur aufgebaut und an einen Experimentierkanal des Rossendorfer Tandemgenerators EGP-01 angeschlossen (Abb. 7) [47].

Abb. 7. Experimentelle Anordnung zur Bestimmung von Lichtkonversionsfaktoren

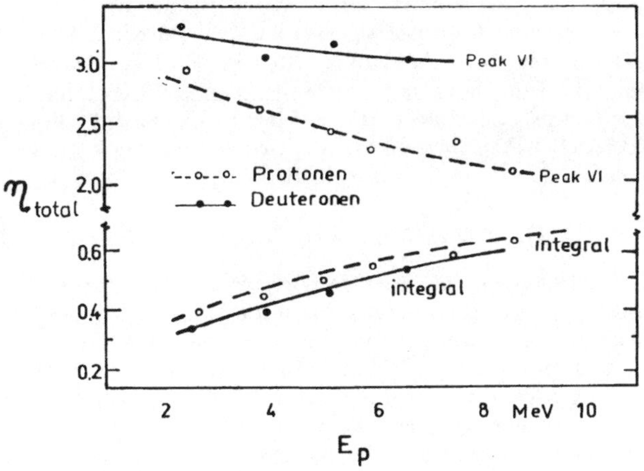

Abb. 8. Totale Lichtkonversionsfaktoren von TLD-100 für Protonen und Deuteronen

Als Beispiel sind in Abb. 8 totale relative LKF von TLD-100 (Fa. Harshaw) für Protonen und Deuteronen angegeben (total bedeutet, daß das Teilchen vollständig im Leuchtstoff abgebremst wurde [48]). In [48, 49] sind alle bisher ermittelten η-Werte zusammengefaßt.

Bremsvermögen und Reichweite. Für die Bestimmung des Bremsvermögens S und der Reichweite R schwerer geladener Teilchen in verschiedenen Materialien wurde das Rechenprogramm STOPOW 82 entwickelt [50]. Damit können S und R für Ionen bis zu einer Ordnungszahl $Z = 92$ im Energiebereich von 1 keV/amu bis 10 GeV/amu berechnet werden.

Die Berechnung des Bremsvermögens erfolgt auf der Grundlage theoretischer Betrachtungen von *Ahlen* [51] und unter Nutzung des Datenkatalogs von *Ziegler* [52]. Diese Arbeiten stellen eine Weiterentwicklung der Theorie von *Bethe* und *Bloch* [53] dar. Im Rechenprogramm STOPOW 82 finden relativistische Z^3_{eff}-Korrektur sowie Schalen- und Dichteeffekte Berücksichtigung.

Die Reichweite von Ionen in Stoffen ergibt sich aus

$$R(E_0) = \int_0^{E_0} \frac{1}{S(E)} \, \mathrm{d}E \,. \qquad (15)$$

E_0 ist die Energie der einfallenden Teilchen.

Experimentelle Bestimmungen des Bremsvermögens von Protonen und Deuteronen in CaF_2-, LiF- und $CaSO_4$-Materialien wurden nach dem Prinzip der Transmissionsmessung an der Rossendorfer Bestrahlungsapparatur durchgeführt. Es ergab sich eine Übereinstimmung zwischen experimentell und rechnerisch ermittelten $S(E_0)$-Werten besser als 5% [25, 54, 55].

5. Einsatz von Lumineszenzdetektoren

5.1. *Dosimetrie von Photonenstrahlung*

Die niedrige untere Nachweisgrenze, die Wiederverwendbarkeit der Detektoren und der unaufwendige Vorgang der Auswertung begünstigen den Einsatz von TL-Detektoren zur Dosimetrie in Photonenstrahlungsfeldern. Die Verwendung von $CaSO_4$:Dy-Detektoren ($D_u \leqq 10\,\mu$Gy) scheint wegen ihrer hohen Nachweiseffektivität zur Umgebungsüberwachung geeignet. Leider hat dieser Leuchtstoff wegen seiner hohen effektiven Kernladungszahl eine starke Abhängigkeit des Meßeffektes von der Quantenenergie unterhalb 200 keV (s. Abb. 5). Durch geeignete Filterkapseln kann dieser Effekt kompensiert werden [56]. Gegenwärtig werden gemeinsam mit dem ZfK Rossendorf Al-Zn-umhüllte $CaSO_4$:Dy-Detektoren für die Umgebungsdosimetrie im Rossendorfer Institut vorbereitet [57]. Detektoren auf der Basis von LiF:Mg, Ti und $CaSO_4$:Dy werden bei der Ermittlung von Strahlenbelastungen in der Nuklearmedizin eingesetzt [58, 59].

5.2. *Dosimetrie in Neutronen-Gamma-Strahlungsfeldern*

Der Einsatz von TL/OSL-Detektoren zur Neutronendosimetrie ist in starkem Maße durch die zu geringe Empfindlichkeit der meisten Systeme für schnelle Neutronen ($E > 1$ MeV) eingeschränkt. Eine wesentliche Voraussetzung für die Verwendung dieser Detektoren war deshalb die Entwicklung von Dosimetern mit ausreichender Empfindlichkeit für schnelle Neutronen. Das gelang mit der Kopplung von Kontakt- und Mischradiatoren mit einem Luminophor [70, 24]. Die Radiatoren bestehen aus stark wasserstoffhaltigen Materialien, die bei Neutronenbestrahlung infolge elastischer Streuung Rückstoßprotonen liefern und dadurch zu einem höheren Meßeffekt führen. Zur Kalibrierung der Lumineszenzdosimeter muß die Detektorempfindlichkeit $m = M/\Phi$ (s. Gl. (10)) bekannt sein. Der Zusammenhang zwischen dem Detektormeßeffekt M und der biologisch bewerteten Dosis D ist durch die Beziehung

$$D = K \cdot M \qquad (16)$$

gegeben. Dabei bedeutet K den Kalibrierungsfaktor, der wegen

$$M = \Phi_n \int N_E(E)\, m(E)\, \mathrm{d}E \qquad (17)$$

und

$$D = \Phi_n \int N_E(E)\, d(E)\, \mathrm{d}E \qquad (18)$$

experimentell bestimmt oder berechnet werden kann aus

$$K = \frac{\int N_E(E)\, d(E)\, \mathrm{d}E}{\int N_E(E)\, m(E)\, \mathrm{d}E} \,. \qquad (19)$$

Φ_n stellt die Gesamtfluenz und $N_E(E)$ das Energiespektrum der Neutronen dar. $m(E)$ ist die energieabhängige Neutronenempfindlichkeit und $d(E)$ der Dosis-Fluenz-Konversionsfaktor.

In gemischten n-γ-Feldern muß die γ-Empfindlichkeit der Lumineszenzdetektoren berücksichtigt werden, so daß sich an Stelle von Gl. (17) und (18)

$$M = m_n \Phi_n + m'\gamma D\gamma \qquad (20)$$

und

$$D = d_n \Phi_n + d'\gamma D\gamma \qquad (21)$$

ergibt.

Hierbei ist m_n die über das Energiespektrum gemittelte Neutronenempfindlichkeit und $m'\gamma$ die auf die Energiedosis der primären γ-Strahlung bezogene Empfindlichkeit. d_n ist der über das Spektrum gemittelte Umrechnungsfaktor für die biologisch bewertete Neutronendosis und $d'\gamma = 1$ Sv/Gy der Umrechnungsfaktor von der Energiedosis auf die biologisch bewertete Dosis für γ-Strahlung.

Damit $K = D/M$ unabhängig vom Strahlungsfeld wird, muß

$$\frac{d_n/m_n}{d'\gamma/m'\gamma} = 1 \qquad (22)$$

erfüllt sein. Für das in [70] beschriebene TL-Dosimeter ist die Forderung (22) im allgemeinen nicht erfüllt. Der Vergleich der Funktionen $m(E)\, d'\gamma/m'\gamma$ mit $d(E)$ nach [74] zeigt jedoch, daß in den Fällen, wo ein Neutronenspektrum vorliegt, die Unterbewertung der Neutronen mit $E > 100$ keV in gewissem Umfang durch die Überbewertung der Neutronen mit $E < 100$ keV kompensiert werden kann.

In einem beliebigen Strahlungsfeld gilt für die Gesamtdosis $D_{ges} = D_n + D\gamma$, so daß die Kalibrierung des Dosimeters die Kenntnis des Energiespektrums der Neutronenstrahlung und des Verhältnisses der biologischen Dosis zur Gesamtdosis voraussetzt.

Wichtig für den praktischen Einsatz von Lumineszenzdetektoren in der Neutronendosimetrie ist ferner die Abhängigkeit des Meßeffektes vom Abstand zur Körperoberfläche und von der Orientierung des Körpers im Strahlungsfeld.

Es wurde gefunden, daß bis zu einem Abstand von 5 cm zwischen Dosimeter und Körperoberfläche der Meßeffekt unverändert ist. Der Einfluß der Körperorientierung wurde zwischen 0 und 180° untersucht. Für 90° ergibt sich ein um 30% verringerter Meßwert. Der Abfall kann durch Verwendung von zwei Dosimetern korrigiert werden [25, 55].

5.3. *Dosimetrie geladener Teilchen*

Schwere geladene Teilchen, insbesondere Protonen im Energiebereich von 1 bis 100 MeV stellen die Hauptkomponente in kosmischen Strahlungsfeldern dar [72]. Die starke Abhängigkeit der Lichtkonversionsfaktoren von der Teilchenart und -energie erfordert eine Bodenkalibrierung für TL-Detektoren, die für dosimetrische Aufgaben im Kosmos vorgesehen sind. An diesen Problemen wird im Rahmen von INTERKOSMOS gearbeitet [73].

Ein wesentliches Einsatzgebiet der TL-Detektoren ist die β-Dosimetrie (s. 4.3.). Dabei kommt es vor allem auf die Ermittlung der Dosis in den strahlensensiblen Basalzellen der Haut an, die sich unter einer 7–15 mg/cm² dicken unempfindlichen Epidermisschicht befinden. In den Hautschichten existiert mit zunehmender Eindringtiefe der β-Strahlung ein sehr starker Dosisgradient.

Die geforderte geringe Energieabhängigkeit gegenüber β-Strahlung für $E_\beta > 0{,}2$ MeV kann mit sehr dünnen TL-Detektoren erfüllt werden. Es wurden CaF_2:Mn-PTFE-TL-Detektoren (Dicke ≈ 12 mg/cm²) zur Ermittlung von Dosisgradienten bei β-Belastungen hergestellt. Die Eignung von ultradünnen Detektoren, bei denen LiF:Mg, Ti bzw. $CaSO_4$:Dy-Pulver mit einer „effektiven“ Schichtdicke von 8–10 mg/cm² auf einer Al-Scheibe aufgebracht ist, wird gegenwärtig untersucht.

Eingegangen am 10. 3. 1986

Literatur

[1] *Frank, M., Herforth, L.*, Kernenergie **4** (1961) 435
[2] *Frank, M., Herforth, L.*, Zur Physik und Chemie der Kristallphosphore II, **66** (1962)
[3] *Frank, M., Herforth, L.*, Kernenergie **5** (1962) 173
[4] *Frank, M.*, Kernenergie **6** (1963) 76
[5] *Herforth, L., Frank, M.*, Czech. J. Physics B13 (1963) 219
[6] *Frank, M.*, Dissertation TU Dresden 1963
[7] *Frank, M., Stolz, W.*, Kernenergie **7** (1964) 541
[8] *Bernhardt, R., Herforth, L.*, Proc. IVth Intern. Conf. on Luminescence Dosimetry, Kraków 1974, vol. 3, 1091
[9] *Bernhardt, R.*, Dissertation TU Dresden 1974
[10] *Bosholm, J.*, J. Chromatogr. **21** (1966) 286
[11] *Bosholm, J.*, Ann. Chim. Acta **34** (1966) 71
[12] *Edelmann, B. U.*, Isotopenpraxis **2** (1966) 371
[13] *Frank, M., Edelmann, B. U.*, Kernenergie **9** (1966) 228
[14] *Edelmann, B. U.*, Dissertation TU Dresden 1967
[15] *Janas, R.*, Dissertation TU Dresden 1974
[16] *Janas, R., Hübner, K.*, Isotopenpraxis **12** (1976) 342
[17] *Janas, R., Hübner, K.*, Kernenergie **19** (1976) 280
[18] *Stolz, W., Demko, M., Lohse, U., Walter, R.*, Atompraxis **16** (1970) 309
[19] *Lingertat, H.*, Dissertation TU Dresden 1967
[20] *Herforth, L., Frank, M., Dubrau, H. J., Lingertat, H., Werner, K., Kleindt, G., Mittag, F.*, Medizintechnik **4** (1964) 105
[21] *Frank, M., Stolz, W.*, Festkörperdosimetrie ionisierender Strahlung, Leipzig: BSB B. G. Teubner Verlagsgesellschaft 1969
[22] *Konschak, K.*, Dissertation TU Dresden 1972
[23] *Konschak, K., Missbach, W.*, Exp. Techn. der Physik **21** (1973) 133
[24] *Henniger, J., Horlbeck, B., Hübner, K., Prokert, K.*, Nucl. Instr. Methods **204** (1982) 209
[25] *Fellinger, J.*, Dissertation TU Dresden 1986
[26] *Fellinger, J., Henniger, J., Hübner, K., Melde, Ch., Prokert, K.*, TU-Informationen 05-13-81
[27] *Fellinger, J., Henniger, J., Hübner, K.*, TU-Informationen 05-14-81
[28] *Fellinger, J., Henniger, J., Hübner, K.*, Mitteilungen des VIK Dubna E 16-83-879
[29] *Lingertat, H.*, Isotopenpraxis **2** (1966) 374
[30] *Frank, M., Lingertat, H., Küttner, B.*, Exp. Techn. der Physik **16** (1986) 53
[31] *Herforth, L., Frank, M., Werner, K., Lingertat, H.*, Radiobiologia Radiotherapie **6** (1965) 381
[32] *Konschak, K., Pulzer, R., Hübner, K.*, Proc. IIIrd Intern. Conf. on Luminescence Dosimetry, Risö 1971, Risö-Report 249, Part I (1971) 249
[33] *Gotlib, V. I., Hübner, K., Fellinger, J.*, unveröffentlicht
[34] *Vizoso, S., Prokert, K., Hübner, K.*, TU-Informationen 05-11-81
[35] *Hübner, K., Prokert, K., Vizoso, S., Balarin, M.*, Kernenergie **26** (1983) 118
[36] *Balarin, M., Hübner, K.*, Cryst. Res. Technol. **20** (1985) 1231
[37] *Frank, M., Dubrau, H. J., Lingertat, H., Herforth, L.*, Kernenergie **7** (1964) 570
[38] *Stolz, W., Rochell, S.*, Isotopenpraxis **7** (1973) 362
[39] *Konschak, K.*, Isotopenpraxis **7** (1973) 362
[40] *Konschak, K.*, Radiochem. Radioanal. Letters **10** (1972) 177
[41] *Kaskanow, G. J., Henniger, J.*, Mitteilungen des VIK Dubna E 16-85-207
[42] *Tsovboon, V. I., Henniger, J., Ho Gi Hon*, Radiochem. Radioanal. Letters **86** (1984) 105
[43] *Stolz, W., Walter, W., Heidan, A., Mund, H.*, TU-Informationen 05-21-76
[44] *Prokert, K., Ohms, G.*, Isotopenpraxis **12** (1976) 339
[45] *Henniger, J., Hübner, K., Pretzsch, G.*, Nucl. Instr. Methods **192** (1982) 453
[46] *Henniger, J., Hübner, K.*, TU-Informationen 05-03-82 und 05-04-82,
[47] *Fellinger, J., Henniger, J., Hübner, K.*, Palorec, J., Schmidt, P., Exp. Techn. der Physik **31** (1983) 179
[48] *Schmidt, P., Fellinger, J., Henniger, J., Hübner, K.*, Mitteilungen des VIK Dubna E 6-85-536
[49] *Schmidt, P., Fellinger, J., Henniger, J., Hübner, K.*, TU-Informationen 05-08-85
[50] *Henniger, J., Horlbeck, B.*, Mitteilungen des VIK Dubna 10-83-366.
[51] *Ahlen, S. P.*, Rev. Mod. Phys. **52** (1980) 121
[52] *Ziegler, J. F.*, Vol. 4 of the Stopping and Ranges of Ions in Matter, New York: Pergamon 1977
[53] *Bethe, H.*, Ann. Phys. **5** (1930) 325
[54] *Fellinger, J., Henniger, J., Hübner, K., Schmidt, P.*, Mitteilungen des VIK Dubna E 16-83-513
[55] *Henniger, J.*, Dissertation TU Dresden 1982
[56] *Kraus, W., Will, W.*, Kernenergie **27** (1984) 325
[57] *Sahre, P., Fellinger, J.*, Vortrag 16. Symp. Strahlenschutzphysik, Dresden 1984
[58] *Edelmann, B. U.*, Dissertation B TU Dresden 1983
[59] *Reichel, G.*, Dissertation TU Dresden 1982
[60] *Henniger, J., Hübner, K.*, TU-Informationen 05-17-80
[61] *Hübner, K., Henniger, J.*, TU-Informationen 05-18-80
[62] *Henniger, J., Hübner, K.*, TU-Informationen 05-19-80
[63] *Pretzsch, G.*, TU-Informationen 05-20-80
[64] *Fellinger, J., Henniger, J., Hübner, K.*, Mitteilungen des VIK Dubna E 16-83-880
[65] *Fellinger, J., Henniger, J., Hübner, K.*, Nucl. Instr. Methods **227** (1984) 157
[66] *Herforth, L., Hübner, K., Stolz, W.*, Annalen der Physik, 7. Folge, **42** (1985) 461
[67] *Fellinger, J., Henniger, J., Hübner, K.*, Nucl. Instr. Methods **227** (1984) 154
[68] *Kaskanow, G. J., Henniger, J.*, Mitteilungen des VIK Dubna 16-83-212
[69] *Prokert, K.*, Dissertation B TU Dresden (in Vorbereitung)
[70] *Fellinger, J., Henniger, J., Hübner, K.*, Kernenergie **24** (1981) 292
[71] *Hübner, K.*, TU-Informationen 05-10-81
[72] *Kovaljev, E. E.*, Kosmiceskaja biologia i aviakosmiceskaja medicina **18** (1984) 36
[73] *Hübner, K., Fellinger, J.*, Vortrag 18. Beratung der Ständigen Arbeitsgruppe für Kosmische Biologie und Medizin, Gagra (UdSSR) 1985
[74] *Pretre, S.*, Health Phys. **23** (1973) 169
[75] *Stolz, W., Bernhardt, R.*, Dosimetrie ionisierender Strahlung, Berlin: Akademie-Verlag 1985

Isotopenpraxis 22 (1986) 9, S. 306 bis 313

Entwicklungstendenzen bei Szintillationsdetektoren*)

(Fortschrittsbericht)

P. Klinger, K. Prokert, D. Zappe

(Technische Universität Dresden, Sektion Physik)¹)

Frau Prof. Dr.-Ing. habil. Dr. h. c. *Lieselott Herforth* zum 70. Geburtstag gewidmet

In den letzten Jahren wurden auf dem Gebiet der Szintillationsdetektoren einige bedeutende Fortschritte erreicht. Diese Entwicklung der Szintillatoren und der Photodetektoren wurden durch Anforderungen auf dem Gebiet der Medizin (Computertomographie), der Hochenergiephysik und der Raumfahrt initiiert. Dazu gehören hohe Effektivität und Energieauflösung, kurze Lumineszenzanstiegs- und -abfallzeiten, Fehlen einer Phosphoreszenz (Afterglow), Meßmöglichkeiten bei hohen Intensitäten oder im Hochenergiebereich und die Miniaturisierung der Detektoren. Eine Reihe inhärenter Nachteile konventioneller Photosekundärelektronenvervielfacher wie geringe Quanteneffektivität, große Abmessungen, Empfindlichkeit gegenüber magnetischen Feldern und mechanischen Belastungen und ein hoher elektrischer Leistungsverbrauch können durch Festkörperphotodetektoren (Silicium-Photodioden, Silicium-Avalanche-Photodioden und Quecksilberiodid-Photodetektoren) überwunden werden. Sie kommen als potentielle Alternativen für die Photosekundärelektronenvervielfacher in Betracht. Weiterhin wird ein neues Prinzip eines monolithischen Halbleiterszintillationsdetektors diskutiert.

In the last years the measurement of ionizing radiation by means of scintillation detectors has reached some important improvements. These developments on scintillators and photodetectors were induced by the demands of medicine (computer tomography), of high energy physics and of space research, such as high efficiency and energy resolution, short luminescence rise and decay time and the absence of phosphorescence (afterglow), issues in measuring in high intense beams or in the high energy range and miniaturizing of detectors. Some of the main inherent limitations of conventional PM-tubes as low quantum efficiency, large size and weight, inadequate ruggedness, high power consumption and sensitivity against external magnetic and electric fields are overcome to silicon photodiodes, silicon avalanche photodiodes, HgI_2-photodetectors and other solid state devices as potential replacement for vacuum PM-tubes. Moreover a new principle of monolithical solid state scintillation detector is discussed.

Keywords

luminescence; phosphorescence; photodetectors; photodiodes; photomultipliers; radiation detectors; reviews; scintillation counters; scintillator-photodiode detect; semiconductor detectors; sensitivity; solid scintillation detectors; townsend discharge

1. Einführender Überblick

Szintillationsdetektoren sind bereits seit den Anfängen der Kernforschung zum qualitativen und quantitativen Strahlungsnachweis eingesetzt worden; beginnend mit der visuellen Beobachtung von alphastrahlungsinduzierten Lichtblitzen mittels ZnS-Szintillatorschichten durch *Crookes* und *Regner* im Jahre 1908 [1]. Wegen des „Meßverfahrens" einer visuellen Registrierung, welches immerhin noch 1932 durch *Cockroft* und *Walton* [2] zur Koinzidenzmessung bei der ^{7}Li(p, 2α)-Reaktion genutzt wurde, verloren Szintillationsdetektoren mit der Einführung von Zählrohren seit den dreißiger Jahren an Bedeutung. Ihre Renaissance setzte mit der Entwicklung der Photosekundärelektronen-Vervielfacher (PSEV) ein. So nutzten 1945 *Blau* und *Dreyfuss* die bereits durch *Krebs* [3] im Jahre 1941 beschriebene Kombination ZnS/PSEV zum Nachweis von Alphastrahlung im Strombetrieb [4]. 1947 führten *Sherr* [5] sowie *Coltman* und *Marshall* [6] die Zählmessung mit Szintillator-PSEV ein. Dieses sich für viele Anwendungsgebiete rasch durchsetzende elegante und hochempfindliche Meßprinzip wurde zunächst durch den Einsatz von verschiedenen Szintillatorkristallen oder Plastszintillatoren vervollkommnet und durch spezielle PSEV bis zur höchsten Perfektion geführt (z. B. Crystal-Ball-Spectrometer [7]). Bei diesen Weiterentwicklungen zeigte sich jedoch, daß für verschiedene Anwendungsfälle der PSEV nun das den Einsatz begrenzende Element bei den Szintillationsdetektorsystemen darstellt. Daraus ergab sich die Suche nach alternativen Lösungen bezüglich des Fluoreszenzlichtnachweises. Photodetektoren auf Halbleiterbasis bieten sich für diesen Zweck an, da sie eine direkte Umwandlung der Lichtquanten in elektrische Ladung mit hoher Effektivität ermöglichen. Die Anwendung von Kanalvervielfachern ist, verschiedene Vorteile dieser Variante sind unbestritten (z. B. Möglichkeit ortsauflösender Messungen), jedoch keine endgültige Alternative zum PSEV, da Photokatode und Vakuumsystem weiterhin vorhanden sind. Als logische Konsequenz bei der weiteren Entwicklung ist die Vereinigung des

*) Nach einem Vortrag vom 17. Internationalen Symposium „Radiation Protection Physics", Dresden, 12.–15. 03. 1985

¹) Anschrift: DDR-8027 Dresden, Mommsenstr. 13

Szintillationskristalls und des Lichtdetektors zu einer Einheit anzusehen. Einige Trends bei der Erforschung von komplexen Halbleiterstrukturen deuten auf eine Realisierbarkeit einer derartigen Szintillationsdetektormatrix hin.

2. Entwicklung bei Szintillatoren [8–28]

Im historischen Rückblick können die erreichten Fortschritte durch folgende Etappen charakterisiert werden:

1947: *Kallmann* führte den ersten organischen Szintillator, das Naphthalin, in die Meßtechnik ein.

1948: *Bell* entwickelte die Kombination Anthracen-PSEV, die zu einem Empfindlichkeitsstandard für organische Szintillatoren wird.

1948/50: *Hofstadter* gelang im Laufe der Untersuchung an Alkalihalogeniden, speziell den Iodiden, die Herstellung des hocheffektiven Szintillators NaI(Tl).

1950: Die Untersuchungen von *Reynolds*, *Harrison* und *Salvini* gaben den Anstoß zur Entwicklung von flüssigen und die von *Schorr* und *Torney* von festen organischen Szintillatorlösungen.

Mit den Materialien NaI(Tl), Anthracen sowie Terphenyl-POPOP-Kombinationen in fester oder flüssiger Lösung waren relativ rasch Standardszintillatoren zur technischen Perfektion entwickelt worden, die den meßtechnischen Forderungen lange Zeit weitestgehend entsprachen. Diese Entwicklungsetappe war bereits Anfang der 60er Jahre abgeschlossen.

Mit den weiteren Forschungen auf den Gebieten der Hochenergiephysik, der Entwicklung der strahlendiagnostischen Meßtechnik (Computertomographie durch *Hounsfield*, 1975) und durch die wachsenden Informationsverarbeitungsmöglichkeiten, die sich aus den Fortschritten auf dem Gebiet der Elektronik ergeben, folgten neue Anforderungen, die mit den eingeführten Szintillatoren nur unvollkommen zu erfüllen waren. Aus diesem Grunde wurden bereits früher untersuchte Materialien, die bisher im Schatten der Standardszintillatoren standen, nach Verbesserung ihrer Herstellungstechnologie erneut auf ihre Anwendbarkeit hin überprüft bzw. neue Substanzen für die verschiedenen Meßaufgaben angewendet.

Die Tab. 1 gibt einen Überblick bezüglich der Anforderungen, an denen die Brauchbarkeit eines Szintillators gemessen werden kann, und weist auf Materialparameter hin, die Einfluß auf die Szintillatoreigenschaften besitzen. Von diesen Anforderungen sind besonders die Eigenschaften des Szintillators bezüglich des zeitlichen Auflösungsvermögens (Fluoreszenzabklingzeitkonstante τ_f und Afterglow) und der Spektrometrie hochenergetischer Strahlung (Dichte und Kernladungszahl) bestimmende Auswahlkriterien für die aktuellen Entwicklungstendenzen.

In der Tab. 2 sind wichtige Eigenschaften ausgewählter Szintillatoren angegeben. Einige von ihnen sollen im folgenden näher charakterisiert werden.

Natriumiodid NaI(Tl) ist trotz der bedeutenden Entwicklung anderer Materialien für die meisten Anwendungsgebiete der Standardszintillator geblieben. Die Möglichkeit, nach dem *Stockbarger*-Verfahren Einkristalle mit einem Durchmesser bis zu 76 cm und einer Masse von ca. 500 kg zu züchten und aus solchen Blöcken durch geeignete Technologien (Schneiden, Heißpressen, Extrudieren) Detektoren in gewünschter Form und mit extremer Größe produzieren zu können, erschließt diesem Szintillator immer weitere Anwendungsgebiete. Auch die Möglichkeit der Verarbeitung von kleinen Einkristallstücken durch Preßverfahren zu Detektoren („polykristalline Detektoren") ist für die Ökonomie der Szintillatorherstellung bedeutungsvoll. Die relativ hohe Fluoreszenzausbeute des Materials, verbunden mit der dem Emissionsmaximum der Strahlung angepaßten S 11-Photokatode vieler PSEV, ermöglicht Messungen mit hoher Empfindlichkeit, die lediglich durch das Afterglow bei hohen Impulsfolgen negativ beeinflußt werden. Bezüglich des energetischen Auflösungsvermögens liegt NaI(Tl) auch noch heute an der Spitze der eingesetzten Kristallszintillatoren. Es werden z. B. für 76,2 mm ∅ × 76,2-mm-Kristalle FWHM-Werte für 511 keV von 7,5% und für 662 keV von 6,3% erreicht [16].

Bismutgermanat $Bi_4Ge_3O_{12}$ (BGO) wurde auf Grund folgender Eigenschaften, die speziell für die Computertomographie von Bedeutung sind, zum derzeit nach NaI(Tl) am meisten untersuchten und eingesetzten Szintillator:

– hohe Energieabsorption (Schwächungskoeffizient für Quantenstrahlung bzw. Stopping-power für geladene Teilchen),

Tab. 1. Zusammenstellung von Anforderungen an Szintillatoren, Szintillatoreigenschaften und Materialparameter, die diese Eigenschaften bestimmen

Anforderungen aus Meßaufgaben	notwendige Szintillator-Eigenschaften	eigenschaftsbestimmende Materialparameter
hohe Nachweiseffektivität bei möglichst kleinem Detektorvolumen →	große Absorption der Primärstrahlung	große Dichte des Szintillatormaterials
	Abstrahlung der absobierten Energie zum großen Teil als Fluoreszenzlicht	hohe Reinheit und Perfektion des Gitters bei eigenleitenden Szintillatoren, geeignete Zusätze bei dotierten Typen
	geringe Reflexionsverluste	großer Brechungsindex des Materials
	geringe Absorptionsverluste im Szintillator	Optimierung der Differenz zwischen Emissionswellenlänge λ_e und Absorptionswellenlänge λ_a, ggf. durch geeignete Dotierung
Möglichkeit der Durchführung spektrometrischer Messungen →	Proportionalität zwischen absorbierter Energie und Zahl der emittierten Photonen	Homogenität des Szintillators bezüglich Reinheit, Perfektion und gegebenenfalls Dotierung
großes Nutzsignal-Störsignal-Verhältnis →	Übereinstimmung der Fluoreszenzlichtwellenlänge und spektrale PSEV-Empfindlichkeit	Optimierung von λ_e durch Dotierung oder Anpassung der PSEV-Katode
Messung hoher Impulsdichten oder Flugzeitmessungen im Piko- oder Nanosekundenbereich →	rasches Abklingen der Fluoreszenz, Abwesenheit von Phosphoreszenz (Afterglow)	substanz- bzw. dotierungsspezifische Größen der verschiedenen Stoffe
praxisfreundliche, dauerhafte Detektorgestaltung →	chemische und mechanische Stabilität	Materialauswahl, Reinheit, geeignete Hermetisierung

Tab. 2. Charakteristische Werte der wichtigsten Eigenschaften von Szintillatoren

Szintillator	Z_{eff}	ϱ [g cm^{-3}]	λ_e [nm]	λ_a [nm]	τ_f [ns]	I_p [%]	η	Hygroskopizität	Literatur
NaI(Tl)	46,5	3,67	410	320	230	5	100	+	[16, 18, 26]
CsI(Tl)	54	4,52	565	330	980	1,5	45	(+)	[16, 18]
CsI(Na)	54	4,52	420	300	630		85	+	[16, 18]
LiI(Eu)	50,4	4,06	440		1400	36	36	+	[23]
CaF_2(Eu)	14,6	3,18	435	405	940		50	−	[16]
BaF_2	51,4	4,83	220		0,8		10	−	[22, 24]
CsF	49	4,64	390	220	5		6	+	[21, 24]
$CdWO_4$	54	7,9	530	450	800	0,2*	40	−	[16, 26]
$ZnWO_4$	51	7,87	480		21800	0,2*	13	−	[18]
$Bi_4Ge_3O_{12}$	62,5	7,13	485	350	300	0,005	10	−	[18, 20, 26]
$Bi_4Si_3O_{12}$	64,8	6,7	480	285	100		2	−	[25]
Anthracen	11,3	1,24	447		30		25	−	[27]
NE 104 (Plast)	11,1	≈1,1	406		1,9		17	−	[27]

Z_{eff}: massenanteilige effektive Ordnungszahl, ϱ: Dichte, λ_e: Wellenlänge des Maximums des emittierten Fluoreszenzlichtes, λ_a: Wellenlänge des Absorptionsmaximums im Kristall, τ_f: Abklingzeitkonstante des Fluoreszenzlichtes, I_p: Phosphoreszenzintensität (Afterglow) nach 5 ms bzw. 20 ms (*), η: Relative Fluoreszenzausbeute, bezogen auf NaI(Tl)

- Fehlen eines meßbaren Afterglow auch bei sehr hoher Exposure,
- hohe mechanische und chemische Stabilität des Detektors.

Hochreine BGO-Einkristalle, gezüchtet durch mehrfache Kristallisation nach dem *Czochralski*-Verfahren, gestatten bei der Herstellung von Detektoren der Größe 25,4 mm ∅ × 25,4 mm Energieauflösungen, die an die Werte von NaI(Tl) heranreichen. Folgende FWHM-Werte wurden an ausgewählten Detektoren erzielt: 511 keV — 10,6%, 662 keV — 9,3%, 1173 keV — 7,4% und 1332 keV — 6,7% [17]. Auf Grund dieser guten spektrometrischen Eigenschaften ergeben sich für BGO Einsatzmöglichkeiten in der Positronenemissions-Tomographie (PCT). Es wurden für die Kombination BGO/BGO Koinzidenzauflösungszeiten von 2,0 ns und für die Kombination NE 104/BGO 1,4 ns erreicht, wobei eine weitere Verbesserung durch Optimierung beim PSEV als möglich angesehen wird. Neben der Anwendung in der Computertomographie hat BGO auf Grund der geringen Fluoreszenzanstiegszeit (3 mm BGO: 180 ps, zum Vergleich 1 mm NaI(Tl): 310 ps) und des Fehlens eines Nachleuchtens Bedeutung für Antikoinzidenzabschirmungen für Ge(Li)-Detektoren erlangt, da hier im Gegensatz zu NaI(Tl) eine sichere Triggerung der Schaltung bereits durch das erste Photoelektron möglich wird.

Cadmiumwolframat $CdWO_4$ ergibt aus Einkristallen, die nach dem *Czochralski*-Verfahren gezüchtet werden, Szintillatoren, die seit den 80er Jahren anstelle BGO in der Röntgentomographie die Rolle des Detektors der Wahl eingenommen haben. Dieses Material besitzt neben seiner mechanischen und chemischen Stabilität folgende Vorteile:

- höhere Lichtausbeute als BGO,
- die Wellenlänge des Fluoreszenzlichtes befindet sich in guter Übereinstimmung mit der maximalen Empfindlichkeit von Si-Photodioden, so daß sich hier eine Alternative zum PSEV anbietet.

Für spektrometrische Messungen haben $CdWO_4$-Szintillatoren keine Bedeutung erlangt.

Bariumfluorid BaF_2 und Caesiumfluorid CsF ergeben „schnelle" Kristallszintillatoren für spezielle Anwendungsgebiete z. B. der Flugzeitmessung in der Hochenergiephysik, aber auch in der PCT sind Anwendungen bekannt. Diese Einsatzgebiete sind auf Grund der kurzen Fluoreszenzabklingzeitkonstanten von 0,8 bzw. 5 ns, des Fehlens eines Afterglow und der erreichbaren FWHM für 511 keV von 10,5% (BaF_2) bzw. 27% (CsF) gegeben [24].

Bismutorthosilicat $Bi_4Si_3O_{12}$ ist ein interessantes Material, da hier ein relativ „schneller" Szintillator ($\tau_f \approx 100$ ns) z. B. für Antikoinzidenzabschirmungen zur Verfügung steht, dessen Herstellung auf der Basis von SiO_2 anstelle von GeO_2 möglich ist. Allerdings ist die bisher erreichte Fluoreszenzlichtausbeute noch unbefriedigend (2% bezogen auf NaI(Tl)).

Lithiumiodid LiI(Eu) hat speziell in der Form als ^{6}LiI(Eu) große Bedeutung für den Nachweis thermischer Neutronen auf Grund der (n, α)-Reaktion am ^{6}Li erlangt. Wegen der unterschiedlichen Amplitude der α- und photoneninduzierten Impulse wird eine selektive Messung der Strahlenarten in gemischten Feldern möglich.

Organische Szintillatoren umfassen einmal Kristallszintillatoren hauptsächlich aus Anthracen oder aus Stilben oder sind zum anderen feste Lösungen von fluoreszierenden und von die Wellenlänge des emittierten Lichtes beeinflussenden (wave shifting) Stoffen in klaren Plasten hoher Strahlenresistenz, vorzugsweise Polyvinyltoluene. Derartige Szintillatoren haben einmal Bedeutung bei der Messung und gegebenenfalls bei der Spektrometrie geladener Teilchen, schneller Neutronen (über (n, p)-Prozesse) und thermischer Neutronen (über (n, α)-Reaktionen durch Zusatz von Radiatoren mit hohem ^{10}B- oder ^{6}Li-Gehalt). Zum anderen sind diese Materialien infolge der kurzen Fluoreszenzabklingzeiten (bei den meisten organischen Szintillatoren im Bereich einiger Nanosekunden) bei Flugzeitmessungen als Detektoren weit verbreitet. Allerdings haben sie wegen ihrer geringen Dichte und der niedrigen effektiven Kernladungszahl auch Nachteile gegenüber den „schnellen" anorganischen Szintillatoren z. B. BaF_2 oder CsF, jedoch gleicht ihre höhere Lichtausbeute, die Möglichkeit des Einsatzes von Wave-Shiftern zur Anpassung des emittierten Lichtes an den PSEV bzw. zur Verminderung der Eigenabsorption im Plast diese Mängel wieder aus. Weiterhin sind organische Szintillatoren, speziell Plastszintillatoren, sehr flexibel bezüglich ihrer geometrischen Formgebung, so daß sie für spezielle Meßaufgaben leicht in optimaler Form hergestellt werden können. In Kombinationen mit anderen Szintillatoren sind sie als „Phoswich"-Detektoren für Meßaufgaben mit hoher Energie-, Zeit- und örtlicher Auflösung oder als „Phostrons" für Neutronen-Gamma-Simultanmessungen bekannt [28].

3. Festkörperphotodetektoren

Neue Anwendungsgebiete der Strahlungsmeßtechnik, z. B. die Positronen-Computertomographie, die Hochenergiephysik oder die Raumfahrt, stellen hinsichtlich der Abmessungen, der Unempfindlichkeit gegenüber magnetischen Feldern u. a. m. Anforderungen an die Szintillationsdetektoren, die die Nachteile und Grenzen konventioneller PSEV (Vervielfachung durch Dynodensystem) ungeachtet ihrer ständigen Weiterentwicklung immer deutlicher werden lassen. Die wesentlichsten Mängel konventioneller PSEV sind:

- die geringe Quanteneffektivität (typisch 20%),
- die relativ großen Abmessungen (mindestens ∅ 10 bis 15 mm, Länge 20 ... 30 mm),
- die Empfindlichkeit gegenüber äußeren magnetischen Feldern,
- die hohe elektrische Verlustleistung im Dynodenspannungsteiler (typisch 1 W) und
- die Empfindlichkeit gegenüber mechanischen Belastungen.

Durch den Einsatz von Mikrokanalplatten anstelle des Dynodensystems können die Empfindlichkeit gegenüber äußeren magnetischen Feldern herabgesetzt, die Zeitauflösung verbessert und ortsauflösende PSEV geschaffen werden, jedoch verbleiben solche Mängel wie z. B. die geringe Quanteneffektivität der Photokatode, die mechanische Empfindlichkeit u. a. m. Da zudem Mikrokanalplatten-Photovervielfacher im Vergleich zu konventionellen PSEV gegenwärtig noch einen hohen Preis haben und die Herstellungsprobleme hinsichtlich ihrer Lebensdauer noch nicht völlig gelöst sind [29], werden sie gegenwärtig nur für solche Aufgaben angewendet, bei denen ihre Vorteile überwiegen, wie z. B. bei Experimenten der Elementarteilchenphysik. Daher werden sie im folgenden nicht weiter betrachtet.

Festkörperphotodetektoren (FKPD), z. B. Photodioden, können Quanteneffektivitäten von 100% aufweisen (daraus ergibt sich die prinzipielle Möglichkeit einer höheren Energieauflösung), bei Bedarf klein und mechanisch robust hergestellt werden, sind unempfindlich gegenüber magnetischen Feldern und benötigen nur sehr geringe elektrische Verlustleistungen für ihren Betrieb. Allerdings erfordern sie wegen der nicht vorhandenen Ladungsvervielfachung (abgesehen von Silicium-Avalanche-Photodioden) einen wesentlich geringeren elektronischen Rauschbeitrag des Vorverstärkers als PSEV. Dies ist auch der Grund, warum die in den vergangenen 20 Jahren immer wieder unternommenen Versuche [30–34], FKPD in Szintillationsdetektoren einzusetzen, wenig erfolgreich waren — der mit den untersuchten Silicium(photo)dioden erreichte Signal/Rausch-Abstand war auf Grund der hohen Sperrströme und Kapazitäten der Dioden für viele Anwendungen unzureichend.

Auf Grund der in den letzten Jahren erreichten Fortschritte der Silicium-Halbleitertechnologie sind jetzt großflächige Silicium-Photodioden (Si-PD) mit wesentlich kleineren Sperrströmen und Kapazitäten kommerziell verfügbar, mit denen günstigere Signal/Rausch-Verhältnisse erzielt werden können. In jüngster Zeit konnten labormäßig großflächige Silicium-Avalanche-Photodioden (Si-APD) und Quecksilberiodid-Photodetektoren (HgI_2-PD) hergestellt werden, mit denen auf Grund der inneren Ladungsvervielfachung (Si-APD) bzw. der extremen Hochohmigkeit des HgI_2 (HgI_2-PD) so günstige Signal/Rausch-Verhältnisse erreicht werden, daß Szintillationsdetektoren mit gleichen bzw. besseren Eigenschaften realisiert werden können als mit PSEV. In den folgenden Abschnitten werden die in den letzten Jahren erreichten Ergebnisse in Bezug auf den Ersatz von PSEV in Szintillationsdetektoren durch Si-PD, Si-APD und HgI_2-PD im Überblick dargestellt.

3.1. Wirkungsprinzip

Die Wirkungsweise der FKPD kann anhand des in Abb. 1 dargestellten Aufbaus erläutert werden: An den Szintillator ist ein FKPD optisch angekoppelt, dessen Ausgangssignal einem ladungsempfindlichen Vorverstärker zugeführt wird. Ein im Szintillator erzeugtes Photon gelangt durch eine geeignet ausgeführte (Transparenz, Totschicht u. a.) Frontelektrode des FKPD in das empfindliche Detektorvolumen und erzeugt ein Elektron-Loch-Paar. Durch das am FKPD anliegende elektrische Feld werden die Ladungsträgerpaare getrennt und an den Elektroden gesammelt. Am Ausgang des ladungsempfindlichen Vorverstärkers entsteht ein Spannungsimpuls, dessen Amplitude der im Szintillator absorbierten Energie proportional ist.

Die Schwankungen der Amplitude dieses Spannungsimpulses (Energieauflösung) werden bestimmt durch den Szintillationsprozeß und die Lichtleitungsvorgänge vom Szintillator zum FKPD [35, 36], bei Photoempfängern mit innerer Verstärkung (Avalanchephotodiode) weiterhin durch die statistischen Schwankungen des Vervielfachungsprozesses [37] und durch das elektronische Rauschen des Detektor-Vorverstärker-Systems [38]. Der elektronische Rauschbeitrag des Detektor-Vorverstärker-Systems wird u. a. durch die im Eingangskreis des Vorverstärkers fließenden Ströme (Detektorsperrstromanteil) und die Eingangskapazität (Anteil durch Detektorkapazität) bestimmt und ist somit auch von Parametern des Detektormaterials, der Herstellungstechnologie und den Abmessungen des Detektors abhängig. Die Abb. 2 zeigt als Beispiel die einzelnen Rauschbeiträge nach [38] für eine 1-cm^2-Si-PD und einen 1-cm^2-HgI_2-PD in Abhängigkeit von der Formungszeitkonstante des Hauptverstärkers. Das System mit der Si-PD hat auf Grund des wesentlich höheren Sperrstroms (Parallelrauschanteil) und der größeren Detektorkapazität (Serien- und $1/f$-Rauschen) einen deutlich größeren elektronischen Rauschbeitrag, als das System mit dem HgI_2-PD. Aus der ebenfalls in Abb. 2

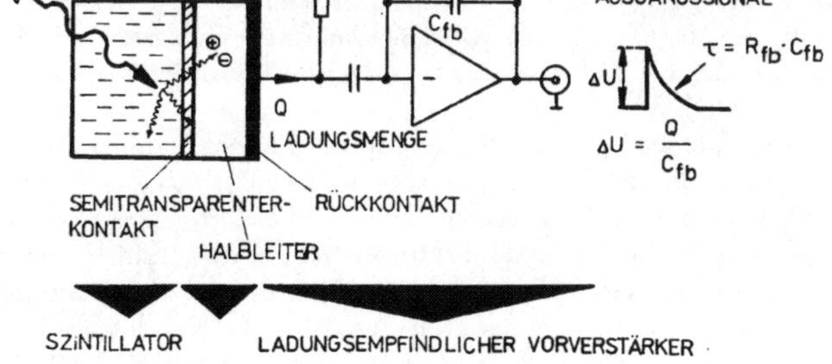

Abb. 1. Prinzipaufbau eines Szintillationsdetektors mit Festkörperphotodetektor

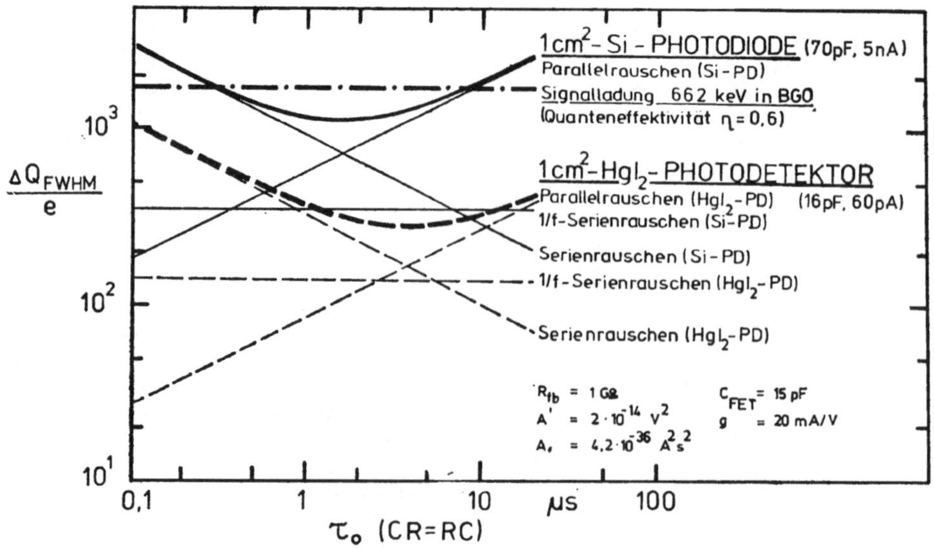

Abb. 2. Rauschladung des Detektor-Vorverstärker-Systems in Abhängigkeit von der Formungszeitkonstante des Hauptverstärkers für einen HgI_2-Photodetektor bzw. eine Si-Photodiode

eingetragenen Signalladung, die in einem Photodetektor mit einer Quanteneffektivität von 60% bei Absorption eines 662-keV-Photons in einem BGO-Szintillator entstehen würde, wird der u. U. unzureichende Signal/Rausch-Abstand für ungekühlte, großflächige Si-PD deutlich.

3.2. *Siliciumphotodioden*

Durch die Fortschritte der Siliciumhalbleitertechnologie stehen jetzt großflächige (1 cm²) Si-PD mit, bezogen auf die empfindliche Fläche, deutlich geringeren Sperrströmen und Sperrschichtkapazitäten kommerziell zur Verfügung. Für niedrige und mittlere Strahlungsenergien ist, wie Abb. 2 zeigt, auch mit solchen Si-PD bei Raumtemperatur auf Grund des immer noch relativ hohen Sperrstroms und der Kapazität nur ein ungünstiges Signal/Rausch-Verhältnis erreichbar. Eine Szintillationsspektrometrie mit hoher Energieauflösung ist möglich, wenn man die Si-PD kühlt. Bei der Entwicklung eines Detektionssystems für einen hochauflösenden Positronencomputertomographen erhielt man mit einem 3 mm × 3 mm × 3 mm großen BGO-Szintillator und einer 12,6 mm² × 113 μm großen Si-PD bei −150 °C Detektortemperatur bei 80-keV-Gammastrahlung eine Energieauflösung von 46% FWHM, für steigende Energiewerte nahm die Halbwertsbreite bis auf einen Wert von 5,3% bei der 1332-keV-Strahlung des ^{60}Co ab. Der elektronische Rauschbeitrag betrug dabei 300 e^- FWHM. Bei Erhöhung der Temperatur der Si-PD von −150 °C auf −76 °C verschlechterte sich die Energieauflösung für 511-keV-Gammastrahlung von 8,7% FWHM auf 30% FWHM [39].

Für die Spektrometrie geladener Teilchen mit höherer Energie können Si-PD dagegen ungekühlt als Photodetektor verwendet werden. Sie werden daher zunehmend für die Szintillationsdetektoren eingesetzt, die in den großen Detektionssystemen der Elementarteilchenphysik in Form von dichtgepackten Arrays angewendet werden und in Magnetfeldern arbeiten müssen. So wird z. B. in der Literatur [40] ein Szintillationsdetektor, bestehend aus einem sechseckigen 150-cm² × 52-cm-NaI(Tl)-Szintillator und vier daran gekoppelten 1-cm²-Si-PD, beschrieben, mit dem Elektronen bis zu Energien von 70 GeV spektrometriert wurden.

Im Zusammenhang mit der Strahlenschutzmeßtechnik wird von *Harshaw* ein sogenannter „Solid state neutron detector" beschrieben [41], der aus einem 10 mm × 10 mm × 10 mm großen LiI(Eu)-Szintillator (96% ^{6}Li) und einer 1-cm²-Si-PD besteht. Szintillator und Photodiode befinden sich in einem hermetisch dichten Aluminiumgehäuse, das von einer 25 mm starken Polyethylenschicht umgeben und das mit der dazugehörigen Nachweiselektronik zu einem kompakten Detektionssystem vereinigt worden ist. Als Ausgangssignale der Nachweiselektronik stehen ein Analogsignal für spektrometrische Zwecke, ein Digitalsignal für Zählzwecke und ein Meldesignal bei zu hoher Impulsrate zur Verfügung. Die Empfindlichkeit wird mit 50 Imp./s pro 1 μSv/h angegeben.

Eine weitere Entwicklung eines Szintillationsdetektors für die Strahlenschutzmeßtechnik wird ebenfalls von *Harshaw* vorgestellt [42] und besteht aus einem 10 mm × 10 mm × 3 mm großen $CdWO_4$-Szintillator und ebenfalls einer 1-cm²-Si-PD. Diese Kombination ist für die Messung von Gammastrahlung vorgesehen. Mit den zwei möglichen Betriebsarten dieses Detektors — Zählbetrieb und Photoelementbetrieb — werden Empfindlichkeiten von 10 Imp./s bzw. 20 fA pro 1 μGy/h und Meßbereiche von 1 μGy/h bis 20 mGy bzw. 1 mGy/h bis 3 Gy/h angegeben.

3.3. *Silicium-Avalanche-Photodioden*

Silicium-Avalanche-Photodioden (Si-APD) sind Photodioden mit einer inneren Verstärkung, d. h. einer Vervielfachung der durch Photoabsorption gebildeten Ladungsträger analog einem PSEV. Aus diesem Grunde sind mit ihnen hinsichtlich des Signal-Rausch-Verhältnisses günstigere Resultate zu erzielen als mit einfachen Si-PD. Sie stehen kommerziell nur als kleinflächige Typen bis etwa 3 mm Durchmesser und außerdem mit einer ungenügenden spektralen Empfindlichkeit im blauen und grünen Bereich des sichtbaren Lichtes zur Verfügung. Im labormäßigen Maßstab gelang es in jüngster Zeit, Si-APD mit einem Durchmesser von 25,4 mm und verbesserter spektraler Empfindlichkeit durch Verringerung der optischen Tot-

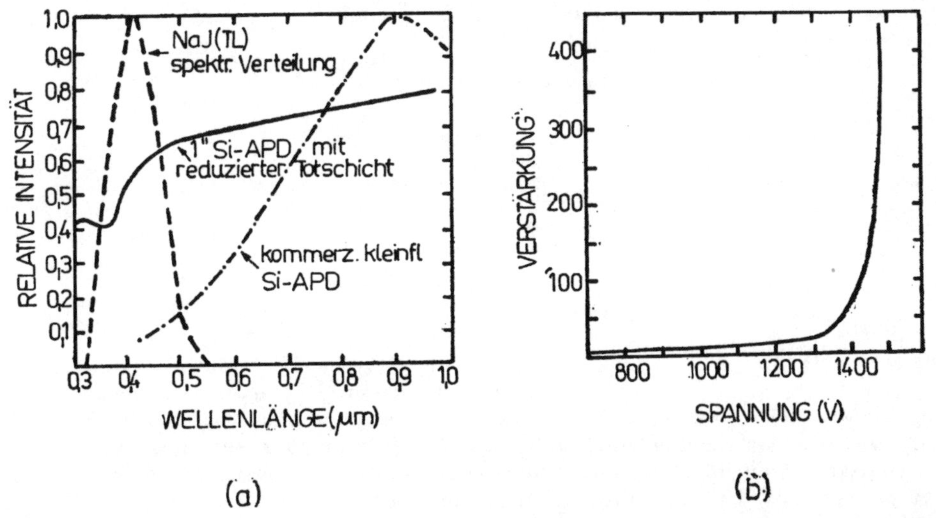

Abb. 3. Spektrale Empfindlichkeit einer 25,4 mm ∅ -Si-APD mit reduzierter Totschicht und einer kommerziellen, kleinflächigen Si-APD sowie spektrale Verteilung des Szintillationslichtes eines NaI(Tl)-Szintillators (a) und typische Verstärkungs-Spannungs-Charakteristik der 25,4 mm ∅-Si-APD (b) [37]

Tab. 3. Energetisches Auflösungsvermögen verschiedener Szintillator-Si-APD-Kombinationen sowie für den direkten Nachweis von Röntgenstrahlung mit Si-APD [44]

Si-APD	Szintillator	Energetisches Auflösungsvermögen
6-cm²-Si-APD Verstärkung 165 bei 1450 V und 24 °C	25,4 mm ∅ × 25,4 mm NaI(Tl)	662 keV: 8,5 % FWHM
16-cm²-Si-APD Verstärkung 160 bei 1480 V und 24 °C	38 mm ∅Na(Tl)	662 keV: 10,5 % FWHM
31,8 mm ∅-Si-APD	25,4 mm ∅ × 25,4 mm BGO	662 keV: 40 % FWHM (Raumtemp.) 24 % FWHM (0 °C)
25-mm²-Si-APD	ohne	5,9 keV: 10 % FWHM

schicht hinter der Kontaktfläche des Strahleneintrittsfensters herzustellen [37, 43, 44]. Die Abb. 3 zeigt die spektrale Empfindlichkeit einer solchen Si-APD im Vergleich zu einer kommerziell erhältlichen, kleinflächigen Si-APD und zur spektralen Verteilung des Szintillationslichtes eines NaI(Tl)-Szintillators sowie die typische Abhängigkeit der Verstärkung einer 25,4 mm ∅-Si-APD von der Sperrspannung [37].

Koppelt man eine solche Si-APD an einen Szintillator, dann erhält man einen sehr kompakten, empfindlichen, mechanisch stabilen und gegenüber äußeren magnetischen Feldern unabhängige Szintillationsdetektor. Ebenfalls untersucht wurde der direkte Nachweis (d. h. ohne Szintillator) von Alpha-, Beta- und weicher Röntgenstrahlung mittels Si-APD. Die Tab. 3 gibt einen zusammenfassenden Überblick über die mit Si-APD erreichten Ergebnisse. Die Zeitauflösung bei diesen Detektoren wird im Bereich $\lessapprox 1$ ns erwartet [44].

3.4. *Quecksilberiodid-Photodetektoren*

Quecksilberiodid (HgI_2) wurde in den letzten 10 Jahren als Material zur Herstellung ungekühlter Halbleiterdetektoren für Gamma- und Röntgenstrahlung untersucht. Insbesondere die im Zusammenhang mit der Entwicklung von HgI_2-Röntgendetektoren erreichten Ergebnisse ermöglichen es, einen völlig neuen Typ von Photodetektor zu entwickeln: einen homogenen, d. h. sperrschichtfreien HgI_2-Photodetektor (HgI_2-PD) [35, 36, 45–47]. Besonders vorteilhaft gegenüber Silicium wirkt sich der große Bandabstand von $E_g = 2{,}13$ eV aus. Damit liegen die Detektorleckströme selbst bei Raumtemperatur und bei den notwendigen Detektorspannungen von etwa 1000 V in der Größenordnung von 10^{-12} A. Es ergeben sich aber daraus auch erhöhte Anforderungen an die Rauscharmut des nachzuschaltenden Vorverstärkers.

Die Tab. 4 gibt einen zusammenfassenden Überblick über die mit verschiedenen Szintillator-HgI_2-PD-Kombinationen erhaltenen Ergebnisse. Bei den vorgestellten Ergebnissen ist der elektronische Rauschbeitrag des Detektor-Vorverstärker-Systems für Strahlungsenergien $\geqq 511$ keV vernachlässigbar, in diesem Bereich wird die Energieauflösung allein durch das Auflösungsvermögen des Szintillators bestimmt [36]. Die mit einem 4 mm × 4 mm × 4 mm großen BGO-Szintillator und einem 4-mm × 4-mm-HgI_2-PD bei einer Detektorspannung von 1000 V gemessene Koinzidenzauflösungszeit betrug 105 ns [46].

Die Vorteile der HgI_2-PD gegenüber PSEV sind analog denen der Si-APD: Sie besitzen eine relativ große empfindliche Fläche bei sonst kleinen Abmessungen, die es erlauben, sehr kompakte, mechanisch robuste Szintillationsdetektoren aufzubauen. Sie benötigen im Gegensatz zu normalen Si-PD keine Kühlung, um das elektronische Rauschen zu senken. Der Leistungsverbrauch ist gegenüber PSEV drastisch reduziert, was sich vorteilhaft bei der Entwicklung transportabler, batteriegespeister Meßgeräte auswirkt. Auf Grund des gegenwärtigen Standes der HgI_2-Einkristallzüchtung sind die lichtempfindlichen Flächen nicht größer als etwa 5 cm² herstellbar. Ebenso wie bei großflächigen Si-APD erfolgt die Herstellung bisher nur im labormäßigen Maßstab. Beim gegenwärtigen Stand erreicht man mit HgI_2-PD in Szintillationsdetektoren eine bessere Energieauflösung als mit Si-APD.

Tab. 4. Energetisches Auflösungsvermögen verschiedener Szintillator-HgI_2-PD-Kombinationen

HgI_2-PD	Szintillator	Energetisches Auflösungsvermögen	Literatur
5,1 cm² × 0,8 mm HgI_2-PD 1000 V, 15 pA, 53 pF	25,4 mm ∅ × 50,8 mm NaI(Tl)	662 keV: 7,8 % FWHM (7,4 % FWHM mit PSEV) Quanteneff.: 47 %	[47]
1,3 cm ∅ × 0,6 mm HgI_2-PD	1 cm ∅ × 1 cm $CdWO_4$	662 keV: 12,5 % FWHM	[47]
130 mm² × 0,46 mm HgI_2-PD	12,7 mm ∅ × 12,7 mm CsI(Tl)	511 keV: 9,3 % FWHM (662 keV: 10,4 % FWHM mit PSEV) Quanteneff.: 57 %	[36]
30-mm²-HgI_2-PD 1000 V	3 mm × 10 mm × 2 mm BGO	511 keV: 19 % FWHM Quanteneff.: 70 %	[35]

4. Weitere Entwicklungen

Die bei der Untersuchung verschiedener Verbundhalbleiter, insbesondere von GaAs und (Ga, Al)As, gefundenen hohen inneren Lumineszenzeffektivitäten führten zur Idee eines neuen Detektortyps, dem sog. Halbleiterszintillator mit monolithisch integrierter Photodiode [48 bis 50]. Seinen schematischen Aufbau nach [49] zeigt die Abb. 4: Eine p^+-(Ga, Al)As:Si-Epitaxieschicht mit wachsendem Bandabstand infolge zunehmenden Al-Anteils wirkt als Szintillator mit einer kleinen mittleren Energie zur Bildung eines Elektron-Loch-Paares (1) und mit einer hohen inneren Lumineszenzeffektivität. Die zu erwartende hohe Selbstabsorption des Lumineszenzlichtes (2) in dem direkten Halbleiter wird vermieden durch den in eine Richtung ansteigenden Bandabstand infolge wachsenden Al-Anteils und durch die Si-Dotierung, die eine Verschiebung der Energie des Lumineszenzlichtes zu kleineren Werten bezogen auf die Absorptionskante bewirkt. An die Seite der p^+-(Ga, Al)As:Si-Schicht mit dem größeren Bandabstand schließt sich eine n^--GaAs-Schicht an, so daß ein p^+n^--Heteroübergang entsteht. Photonen, die sich in Richtung des wachsenden Bandabstandes ausbreiten (3), werden in der Raumladungszone der n^--GaAs-Schicht absorbiert und erzeugen dort ein Elektron-Loch-Paar (4) und damit einen Photostromimpuls (5). Photonen, die sich dagegen in Richtung des abnehmenden Bandabstandes bewegen, werden wieder absorbiert (3′) und aufgrund des sog. „photon recycling"-Effekts [49] von Schichten mit hoher innerer Quanteneffektivität reemittiert (3″) und können so zum Photostrom beitragen.

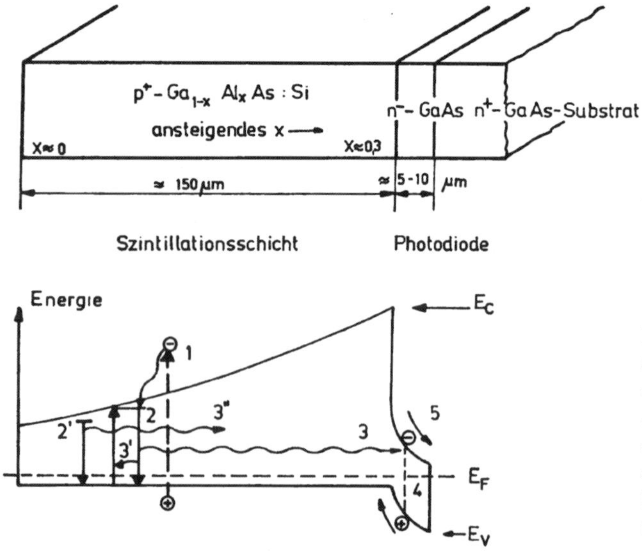

Abb. 4. Aufbau und Funktionsprinzip eines (Ga, Al)As-Halbleiterszintillators mit monolithisch integrierter Photodiode [49] (–) Bildung eines Elektron-Loch-Paares durch die ionisierende Strahlung, 2 – Emission des Szintillationslichtes, 3 – Ausbreitung eines Photons in Richtung p^+n^--Heteroübergang, 3′ – Absorption eines Photons, 3″ – Reemission eines Photons, 4 – Bildung eines Elektronen-Loch-Paares durch das Szintillationslicht, 5 – Photostrom)

Experimentell konnten durch Flüssigphasen-Epitaxie p^+-(Ga, Al)As:Si-Schichten mit einer Dicke von maximal 150 µm hergestellt werden, die u. a. mit ^{241}Am-Alphateilchen (5,49 MeV) untersucht wurden [49]. Dabei wurde festgestellt, daß die Sammlung der generierten Ladungsträger aus der Raumladungszone durch das dort befindliche Diffusionsfeld ausreichend effektiv ist, so daß ohne äußere Detektorspannung gearbeitet werden konnte. Die Anstiegszeit der Impulse betrug <100 ns, die erhaltene Energieauflösung ist mit $\gtrsim 20\%$ FWHM schlecht. Weiterhin wurde gefunden, daß durch eine Reihe von Effekten die effektive mittlere Energie zur Bildung eines Elektron-Loch-Paares (darin sind alle Prozesse (1)–(5) von Abb. 4 eingeschlossen) von der Al-Konzentration stark abhängig ist und von 14 eV bis 230 eV variiert. Daraus ergeben sich u. a. unterschiedliche Impulshöhen in Abhängigkeit vom Wechselwirkungsort der Strahlung und eine starke Nichtlinearität zwischen Impulshöhe und der Energie der Strahlung.

Als mögliche Vorteile dieses neuen Detektortyps wurden propagiert [49]: kleinere Energie zur Bildung eines Ladungsträgerpaares als herkömmliche Kristallszintillatoren, eine direkte Umwandlung des Szintillationslichtes in ein elektrisches Signal durch die integrierte Photodiode, ein hohes Bremsvermögen und der Raumtemperaturbetrieb. Die bisher erreichten Detektorparameter sind jedoch für einen praktische Anwendung dieses neuen Detektortyps unzureichend.

5. Zusammenfassung

Bedingt durch Anforderungen auf den Gebieten der medizinischen Meßtechnik, (Computertomographie), der Hochenergiephysik und der Raumfahrt wurden in den letzten Jahren bedeutende Fortschritte bei der Weiterentwicklung der Szintillationsdetektoren, sowohl bei den Szintillatoren, als auch bei den Photodetektoren erreicht. Dazu gehören bei den Szintillatoren hohe Effektivität und Energieauflösung, kurze Lumineszenzanstiegs- und -abfallzeiten, Fehlen einer Phosphoreszenz (Afterglow), Meßmöglichkeiten bei hohen Intensitäten oder im Hochenergiebereich u. a. m. Es wurden bekannte Szintillatoren weiter- und eine Reihe von Szintillatoren wie z. B. BGO, $CdWO_4$, BaF_2, CsF u. a. neuentwickelt. Eine Reihe inhärenter Nachteile konventioneller Photosekundärelektronenvervielfacher (geringe Quanteneffektivität, große Abmessungen, Empfindlichkeit gegenüber äußeren magnetischen Feldern und mechanischen Belastungen, hoher elektrischer Leistungsverbrauch) können durch Festkörperphotodetektoren beseitigt werden. Durch die Fortschritte der Siliciumhalbleitertechnologie stehen in jüngster Zeit großflächige Si-Photodioden mit relativ geringen Sperrströmen und Kapazitäten kommerziell bzw. großflächige Si-Avalanche-Photodioden mit verbesserter Blauempfindlichkeit im Labormaßstab zur Verfügung. Durch den bei ungekühlten HgI_2-Halbleiterdetektoren für die Röntgenspektrometrie erreichten Entwicklungsstand konnten großflächige HgI_2-Photodetektoren labormäßig hergestellt werden. Insbesondere mit HgI_2-Photodetektoren und Si-Avalanche-Photodioden konnten Szintillationsdetektoren mit gleichen bzw. besseren Eigenschaften realisiert werden als mit Photosekundärelektronenvervielfachern. Weiterhin deuten sich erste Möglichkeiten der Realisierung von Halbleiterszintillatoren ((Ga, Al)As) mit monolithisch integrierter Photodiode an.

Eingegangen am 10. 2. 1986

Literatur

[1] *W. Crookes*, Proc. Roy. Soc. **A71** (1903) 405
[2] *J. D. Cockroft, E. F. S. Walton*, Proc. Roy. Soc. **A136** (1932) 619 und **A137** (1932) 229
[3] *A. T. Krebs*, Ann. Phys. **39** (1941) 330
[4] *M. Blau, B. Dreyfuss*, Rev. Sci. Instr. **16** (1945) 245
[5] *R. Sherr*, Rev. Sci. Instr. **18** (1947) 767
[6] *J. W. Coltman, F. H. Marshall*, Phys. Rev. **72** (1947) 528
[7] *R. Hofstadter*, Naturwiss. Rdsch. **37** (1984) 45
[8] *E. Broser, H. Kallmann*, Z. Naturf. **2A** (1947) 439 und 642
[9] *P. R. Bell*, Phys. Rev. **73** (1948) 1405
[10] *R. Hofstadter*, Phys. Rev. **74** (1948) 100
[11] *R. Hofstadter*, Phys. Rev. **75** (1949) 796
[12] *R. Hofstadter, I. A. McIntyre*, Phys. Rev. **78** (1950) 619
[13] *R. Hofstadter, I. A. McIntyre*, Phys. Rev. **79** (1950) 389
[14] *G. T. Reynolds* et al., Phys. Rev. **78** (1950) 488
[15] *M. G. Schorr, F. L. Torney*, Phys. Rev. **80** (1950) 474
[16] *R. L. Heath* et al., Nucl. Instr. Meth. **162** (1979) 431
[17] *M. R. Farukhi*, IEEE Trans. Nucl. Sci. **NS-29** (1982) 1237
[18] *B. C. Grabmeier*, IEEE Trans. Nucl. Sci. **NS-31** (1984) 372
[19] *E. E. Haller, H. W. Kraner, W. A. Higinbotham* ed., Nuclear Radiation Detector Materials, Mat. Res. Soc. Symp. Proc. Vol. 16, New York, Amsterdam,: Oxford North Holland, 1983
[20] *M. R. Farukhi*, in [19], p. 115
[21] *N. Mullani* et al., IEEE Trans. Nucl. Sci. **NS-27** (1980) 572
[22] *M. Laval* et al., Nucl. Instr. Meth. **206** (1983) 169
[23] *R. B. Murray*, IRE Trans. Nucl. Sci. **NS-5** (1958) 159
[24] *W. H. Wang* et al., IEEE Trans. Nucl. Sci. **NS-31** (1984) 381
[25] *M. Kobayashi* et al., Nucl. Instr. Meth. **205** (1983) 133
[26] *O. H. Nestor*, in [19], p. 77
[27] *F. D. Brooks*, Nucl. Instr. Meth. **162** (1979) 477
[28] Nuclear Enterprises ed., Diario of Developments, May 1985
[29] *S. Dhawan*, IEEE Trans. Nucl. Sci. **NS-28** (1981) 672
[30] *A. J. Tuzzolino* et al., J. Appl. Phys. **33** (1962) 148
[31] *N. G. Blamires*, Nucl. Instr. Meth. **24** (1963) 441
[32] *G. Keil*, Nucl. Instr. Meth. **66** (1968) 167
[33] *J. E. Bateman*, Nucl. Instr. Meth. **67** (1969) 93
[34] *J. E. Bateman*, Nucl. Instr. Meth. **108** (1973) 403
[35] *J. S. Iwanczyk* et al., IEEE Trans. Nucl. Sci. **NS-30** (1983) 363
[36] *J. S. Iwanczyk* et al., IEEE Trans. Nucl. Sci. **NS-31** (1984) 336
[37] *G. Reiff* et al., in [19], p. 131
[38] *J. Llacer*, IEEE Trans. Nucl. Sci. **NS-22** (1975) 2033
[39] *S. E. Derenzo*, IEEE Trans. Nucl. Sci. **NS-31** (1984) 620
[40] *M. A. Van Driel* et al., IEEE Trans. Nucl. Sci. **NS-31** (1984) 83
[41] *K. Velbeck* et al., IEEE Trans. Nucl. Sci. **NS-31** (1984) 360
[42] *J. C. Nirschl*, Nucl. Instr. Meth. **226** (1984) 487
[43] *G. Entine* et al., IEEE Trans. Nucl. Sci. **NS-30** (1983) 431
[44] *M. R. Squillante* et al., IEEE Trans. Nucl. Sci. **NS-32** (1985) 563
[45] *J. S. Iwanczyk* et al., Nucl. Instr. Meth. **213** (1983) 123
[46] *J. B. Barton* et al., IEEE Trans. Nucl. Sci. **NS-30** (1983) 671
[47] *J. Marakis* et al., IEEE Trans. Nucl. Sci. **NS-32** (1985) 559
[48] *V. M. Andreev* et al., Fiz. Tekh. Poluprovodn. 8 (1974) 1227
[49] *W. W. Rühle* et al., IEEE Trans. Nucl. Sci. **NS-30** (1983) 436
[50] *G. M. Grigoreva*, Geliotekhnika **19** (1983) 14

Isotopenpraxis 22 (1986) 9, S. 313 bis 316

Apparatur zur kontinuierlichen Auswertung fadenförmiger Thermolumineszenzdosimeter

G. Reichel[1]), *W. Stolz*[2])

(Medizinische Akademie Magdeburg, Klinik für Radiologie[1]); Bergakademie Freiberg, Sektion Physik[2]))

Frau Prof. Dr.-Ing. habil. Dr. h. c. *Lieselott Herforth* zum 70. Geburtstag gewidmet

Aufbau und Funktionsweise einer Apparatur zur kontinuierlichen Auswertung fadenförmiger LiF-Thermolumineszenz, detektoren wird beschrieben. Diese Detektoren dienen zur Messung der Eneriedosisverteilung in Risikoorganen (Niere-Harnleiter, Harnblase, Enddarmanteile) bei der Strahlenbehandlung gynäkologischer Tumoren.

Construction and functioning of a device for readout thread-shaped LiF-thermoluminescent detectors is described. These detectors serve as measurement of distribution of absorbed dose in affected organs (kidney, ureter, bladder, rectum) with radiation treatment of gynaecologycal tumors.

Keywords

contact radiotherapy; dosimetry; lithium fluoride; radiation dose distributions; radiology; thermoluminescent dosimetry

1. Einleitung

In der Strahlentherapie bösartiger Tumoren nehmen angesichts der Vielzahl geeigneter Strahlungsarten und Bestrahlungsverfahren qualitätssichernde Maßnahmen einen breiten Raum ein [1]. Die zur Vernichtung der Tumorzellen erforderliche Energiedosis wird im allgemeinen fraktioniert über einen längeren Zeitraum appliziert. Durch die wiederholte Patientenlagerung können sich Fehlermöglichkeiten ergeben. Insbesondere sind Abweichungen

[1]) Anschrift: DDR-3090 Magdeburg, Leipziger Straße 44
[2]) Anschrift: DDR-9200 Freiberg, Bernhard-von-Cotta-Straße 4

der Energiedosis von der geplanten, zumeist computergestützt berechneten Energiedosisverteilung nicht auszuschließen. Derartige Unsicherheiten können sowohl Über- als auch Unterdosierungen im Krankheitsherd zur Folge haben. Die Bestrahlungsplanung bei der Behandlung gynäkologischer Tumoren mittels Kontakt- und Teletherapie wird durch die individuelle Schwankungsbreite der Organlage und die leichte Verschiebbarkeit der Organe erschwert. Abstimmungen zwischen den gewählten Bestrahlungsarten sind erforderlich, damit die in unmittelbarer Nachbarschaft des Tumors befindlichen Risikoorgane (Nieren, Harnleiter, Harnblase und Enddarmanteile) durch Überschneidung der Energiedosisverteilungen keinen Überdosierungen ausgesetzt sind und irreversibel geschädigt werden. Angesichts dieser Situation empfehlen verschiedene Autoren [2—7] die Übertragungssicherheitcomputergestützt ermittelter Energiedosisverteilungen (Isodosenpläne) durch wiederholte Direktmessungen am Patienten zu verbessern. Hierfür werden verschiedene Detektorsysteme vorgeschlagen [8—15].

2. Dosimetrie im Körperinneren

Ein Detektorsystem zur Erfassung von Energiedosisverteilungen im Körperinneren bei strahlentherapeutischen Maßnahmen mit Photonenstrahlung sollte folgenden Anforderungen genügen:

- Eignung für integrierende, simultane Langzeitmessungen ($t \leqq 24$ h) bei weitgehender Unabhängigkeit von den Umgebungsbedingungen (hoher Feuchtigkeitsgehalt).
- Die Deponierung der Detektoren darf keine unphysiologischen Verschiebungen der Organe bewirken (Miniaturisierung der empfindlichen Volumina).
- Unabhängigkeit der Detektoren von elektrischen Versorgungsleitungen, Sterilisierbarkeit, vernachlässigbare Toxizität und Zumutbarkeit der Anwendung an schwerkranken Patienten.
- Ausreichender Energiedosismeßbereiche (0,01 bis 60 Gy). Unabhängigkeit der Anzeige von der Richtung und Energiedosisleistung sowie gute Reproduzierbarkeit.
- Einfache Auswertungsmöglichkeit beliebig langer, fadenförmiger Detektoren.

Gegenwärtig werden die wesentlichen Punkte dieses Forderungskatalogs von speziellen Thermolumineszenzdetektoren erfüllt [16, 17].

3. Auswertgerät für fadenförmige TL-Detektoren

Die derzeit handelsüblichen Meßgeräte ermöglichen keine zerstörungsfreie und kontinuierliche Auswertung zusammenhängender Thermolumineszenzdetektoren bei gleichzeitig miniaturisierten Meßvolumina. Aus diesem Grunde wurde ein Auswertgerät für fadenförmige Thermolumineszenzdetektoren entwickelt, das eine dichte Aufeinanderfolge der auszuheizenden Positionen erlaubt, so daß eine nahezu kontinuierliche Erfassung des Thermolumineszenzsignals erzielt wird. Als Detektoren dienten extrudierte, in PTFE eingelagerte und auch pulverförmige Speicherphosphore. Sie gelangten entweder nackt oder in durchsichtigen, dünnwandigen PTFE-Schläuchen zur Anwendung. Auf Grund des vorgesehenen in-vivo-Einsatzes wurde ein für Patienten noch zumutbares Fadenprofil der Abmessung 2 × 1 mm² gewählt.

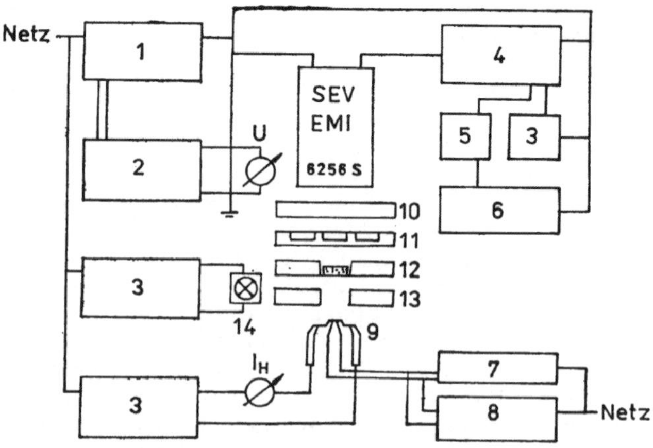

Abb. 1. Blockschaltbild des Auswertegerätes für fadenförmige Thermolumineszenzdetektoren

1 — Automatische Netzregelung; 2 — Hochspannungsversorgung; 3 — Stromversorgungsgeräte; 4 — Schreiber; 5 — Integrationsmeßvorsatz; 6 — Schwingkondensatorvoltmeter; 7 — Digitalvoltmeter; 8 — XY-Schreiber; 9 — Heizer mit Thermoelement; 10 — UG2-Filter; 11 — Schieber mit Blendeneinsätzen; 12 — Kontrollichtquelle; 13 — Hauptblende; 14 — Dosimeterbeobachtung

Abb. 2. Heizbrücke mit aufliegendem LiF-PTFE-Fadendosimeter in Auswertposition. Sichtbar sind außerdem die metallischen Führungsröhrchen und der Kühlmantel einer Elektrode

Ein Blockschaltbild des Auswertgerätes ist in Abb. 1 dargestellt. Der Meßplatz umfaßt im wesentlichen folgende Einzelelemente: Photovervielfacher (EMI 6256 S), variierbares Blendensystem, Wärmeschutzfilter (UG 2, 4 mm), $^{14}_{6}$C-Kontrollstrahlungsquelle, Ausheizkammer, Stickstoffspülung für die Ausheizkammer, Optik mit 135°-Öffnungswinkel zur Beobachtung des Detektorsegmentes in Ausheizposition und Transportsystem für die Detektorfäden. Besondere Beachtung wurde dem Aufbau der Heizvorrichtung geschenkt (Abb. 2). Sie besteht aus einem Kupferelektrodenpaar, auf das speziell geformte Heizbrücken aus Kanthalbblech (Dicke 0,15 mm; Breite 3 mm; elektrischer Widerstand 1,8 Ω) aufgeschraubt werden. An der Unterseite des Heizbleches befindet sich ein Ni-CrNi-Thermoelement. Zur Erzielung der Ausheiztemperatur $T = 240$ °C ist die elektrische Heizstromstärke $I = 6{,}7$ A erforderlich. Die Kupferelektroden sind von einem Kühlmantel umgeben. Auf die Umlaufkühlung konnte jedoch verzichtet werden, weil auch mehrstündiger Dauerbetrieb keine merkliche Elektrodenaufheizung zur Folge hatte. Zur

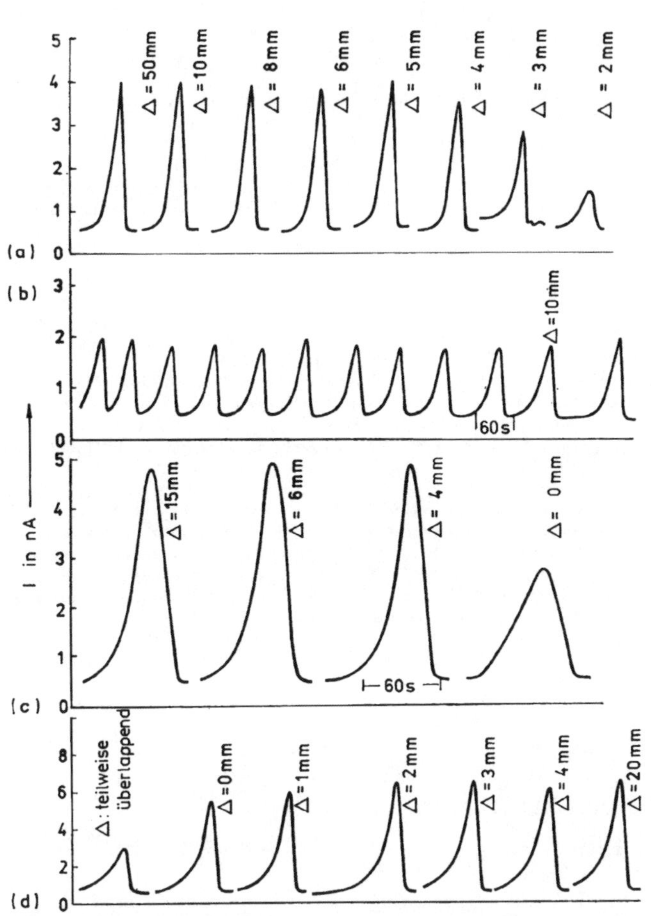

Abb. 3. Auswertung von LiF-Fadendosimetern unter Berücksichtigung verschiedener Distanzen Δ zwischen den Auswertpositionen

a) LiF-PTFE-Faden; Breite 1,7 mm, Länge 260 mm, Dicke 0,8 mm; D = 0,5 Gy (^{60}Co-γ-Strahlung)

b) LiF-PTFE-Faden; Breite 0,9 mm, Länge 240 mm, Dicke 0,8 mm; Abstand Δ = 10 mm; D = 1,0 Gy (^{60}Co-γ-Strahlung)

c) Pulverförmiger Speicherphosphor Dohna-lum LiF-200 Ti in Teflonschlauch; D = 0,5 Gy (^{60}Co-γ-Strahlung)

d) TLD-100 Rods; ∅ = 1 mm, Länge 6 mm, in Teflonschlauch mit Teflondistanzstücken; D = 0,5 Gy (^{60}Co-γ-Strahlung)

Ausheizung fadenförmiger Thermolumineszenzdosimeter wird die auf der Temperatur T befindliche Heizbrücke mittels eines Hebelsystems gegen den Detektor gedrückt. Der Detektorfaden durchläuft ein metallisches Führungsröhrchen ($\varnothing_{innen}$ 2,7 mm), bevor er in die Heizzone gelangt. Diese beidseitig von der Heizbrücke angeordneten Führungsröhrchen haben einen Abstand von ca. 8 mm und befinden sich ständig auf Gehäusetemperatur. Durch Andruck der Heizbrücke an den Fadendetektor verschiebt sich dieser geringfügig vertikal und berührt die Führungsrohre, so daß an diesen Stellen die Erwärmung abbricht.

Die Abb. 3a bis 3d zeigen Beispiele für Detektorauswertungen. Fadenförmige Thermolumineszenzdetektoren, die aus bandförmigen Dohna-lum LiF-40-Ti-PTFE mittels Mikrotomschnitten hergestellt wurden, genügen den Anforderungen eines in-vivo-Dosimeters. Es ist ein Mindestabstand $\Delta = 4$ mm zwischen den auszuwertenden Positionen erforderlich, um die thermische Mitbelastung der nächsten Meßposition auszuschließen. Bei Füllung von Teflonschlauch mit den pulverförmigen Leuchtstoff Dohna-lum-LiF-200-Ti können die zu berücksichtigenden Sicherheitsabstände auf $\Delta = 2$ mm verringert werden. Auch TLD-100 Sinterstäbchen (Rods) in Teflonschlauchumhüllung ($\Delta \geqq 1$ mm) sind für dicht aufeinanderfolgende Messungen geeignet. Unter Beachtung der Schutzabstände können „fortlaufende" Auswertungen von fadenförmigen Thermolumineszenzdetektoren durchgeführt werden.

Durchsichtige Teflonschläuche mit Wanddicken bis 0,15 mm beeinflussen das Meßergebnis nicht. Bei den vorwiegend eingesetzten Fadenprofilen von 0,9 mm × 0,8 mm wurde eine untere Nachweisgrenze von $D_u \approx 0{,}02$ Gy erreicht. Diese Nachweisgrenze reicht für die Bearbeitung vieler Probleme bei der Qualitätssicherung strahlentherapeutischer Maßnahmen aus.

4. Klinischer Einsatz fadenförmiger Thermolumineszenzdetektoren

Nach eingehender Erprobung der Detektoren an einem patientenanalogen Beckenphantom [14] erfolgte ihr Einsatz zur simultanen Erfassung der rektalen und uretralen Strahlenbelastung bei Patientinnen während der Durchführung der gynäkologischen Kontakttherapie. Abb. 4a zeigt die mit fadenförmigen Thermolumineszenzdosi-

a

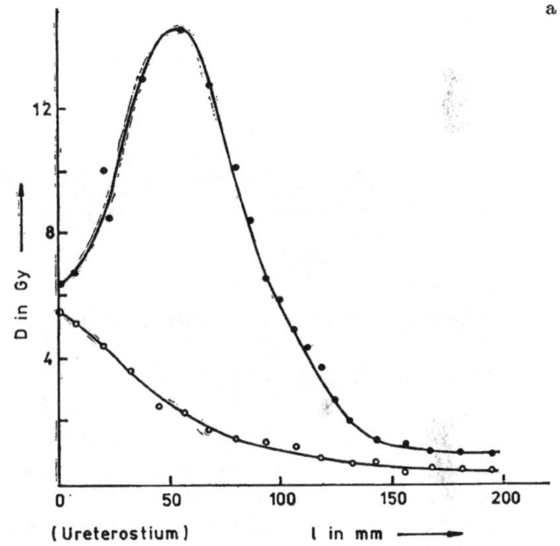

b

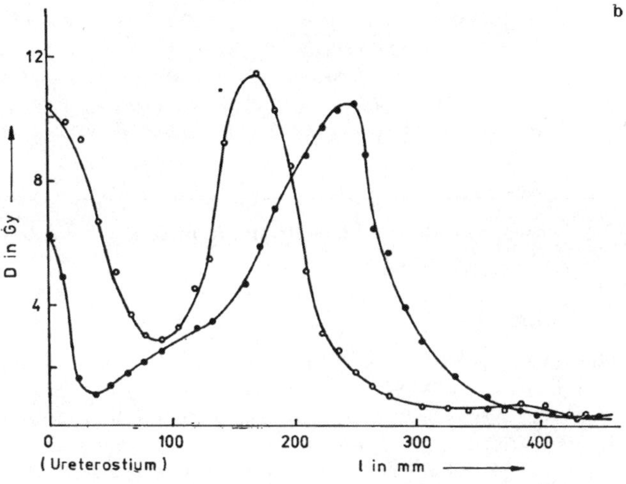

Abb. 4 a und b. Gemessene Energiedosisverteilung in den Ureteren von Patientinnen mit Kollumkarzinom bei Durchführung der Kontakttherapie mit Hilfe einer ^{60}Co-Applikatorkombination

● – rechts, ○ – links

metern gemessene Energiedosisverteilung in den Ureteren einer Patientin mit Kollumkarzinom, die mit einer Stift-Platten-Kombination (^{60}Co, $A = 11{,}1$ GBq, 12 h Liegedauer) behandelt wurde. Die asymmetrische Energiedosisverteilung in beiden Ureteren deutet auf eine seitliche Verschiebung der Applikatoreinlage infolge Zusammensintern der textilen Tamponade hin. Abb. 4b demonstriert die weitgehend symmetrische Energiedosisverteilung in den beiden Ureteren einer Patientin, die unter den gleichen Bedingungen strahlentherapeutisch behandelt wurde.

Umfangreiche Untersuchungen an einem homogenen gewebeäquivalenten Zylinderphantom dienten der meßtechnischen Erfassung der Energiedosisverteilung bei der Durchführung schrittförmiger Afterloading-Therapie. Auf diese Weise konnten computergestützt berechnete Energiedosisverteilungen überprüft und die EDV-Programme gegebenenfalls geändert werden. Darüber hinaus war es möglich, den Einfluß von Strahlungsabsorbern abzuschätzen, die auf kleinem Raum untergebracht werden müssen und deren Berücksichtigung im Rechenprogramm noch nicht erfolgte [14].

Eingegangen am 12. 2. 1986

Literatur

[1] Verordnung über die Gewährleistung von Atomsicherheit und Strahlenschutz, § 3 Abs. 2, GBl. I, Nr. 30 vom 21. 11. 1984
[2] *K. Rödel*, Röntgenpraxis **25** (1972) 55
[3] *K. Martin, H. G. Claus*, Arch. Gynäk. **206** (1968) 34
[4] *R. Frischkorn*, in: Klinik der Frauenheilkunde und Geburtshilfee, Bd. 2, 501 – 664, Urban und Schwarzenberg, München-Berlin-Wien 1980
[5] *H. P. Hellmann*, Röntgenpraxis **24** (1971) 159
[6] *H. G. Claus*, Habilitationsschrift, Universität Mainz 1967
[7] *M. M. Chruschtschow, B. A. Raichel, J. M. Marokva, E. P. Simakina, L. A. Momusnaja*, Med. radiol. (Moskau) **20** (1975) 931
[8] *A. Caha*, Strahlentherapie **135** (1968) 539
[9] *J. Kunze, G. Gnauk*, Kernenergie **10** (1967) 220
[10] *G. Rikner*, Acta Univ. Uppsaliensis, Nr. 695, Uppsala 1983
[11] *B. Lindskoug*, Proc. 4th Internat. Conf. on Luminescence Dosimetry, Vol. 2, 661, Krakow 1974
[12] *G. Reichel, W. Weise, A. Morczek, E. Bernoth*, Zbl. Gynäk. **90** (1968) 415
[13] *G. Reichel, W. Weise*, Wirtschaftspatent der DDR Nr. 87359, 1972
[14] *G. Reichel*, Dissertation, Technische Universität Dresden 1982
[15] *M. Erhardt, M. Redmann*, Radiobiol. Radiother. **25** (1984) 247
[16] *M. Frank, W. Stolz*, Festkörperdosimetrie ionisierender Strahlung, Leipzig. BSB B. G. Teubner-Verlagsgesellschaft 1969
[17] *W. Stolz, R. Bernhardt*, Dosimetrie ionisierender Strahlung, Berlin: Akademie-Verlag 1981

Isotopenpraxis **22** (1986) 9, S. 316 bis 320

Untersuchung der Messung der Kohlenstoffkonzentration mit Hilfe der unelastischen Neutronenstreuung

K. Irmer, R. Pötschke

(Technische Universität Dresden, Sektion Physik)[1]

Frau Prof. Dr.-Ing. habil. Dr. h. c. *Lieselott Herforth* zum 70. Geburtstag gewidmet

Es wurde ein Monte-Carlo-Programm zur Berechnung der 4,43-MeV-Gammastrahlung für unterschiedliche Meßanordnungen in Reflexions- und Durchstrahlungsgeometrie aufgestellt. Untersucht wurde der Einfluß der Flächenmasse, der Schüttdichte, des Gehaltes an Wasserstoff, Sauerstoff und Eisen in Kohle und verschiedener Transportbänder auf die 4,43-MeV-Gammastrahlung unter dem Aspekt der Anwendung in der Braunkohlenindustrie. Es wird gezeigt, daß für eine industrielle Meßanordnung die Standardabweichung des gemessenen Kohlenstoffgehalts etwa 3% beträgt.

A special Monte Carlo code in which the geometry of the measuring equipment could be specified, was written to calculate the 4,43 MeV γ counting rate for backscatter geometries and for penetration geometries. The influence of mass per und area, of density, of content of hydrogen, oxygen and iron at coal and of various conveyors for 4,43 MeV γ counting rate was calculated for application in industry of brown coal. For industrial measuring equipment it is demonstrated that the standard deviation of the value of carbon content is nearly 3%.

Keywords

carbon; errors; fast neutrons; industrial plants; inelastic scattering; measuring equipment

1. Einführung

Seit mehr als 30 Jahren wird weltweit an der Entwicklung radiometrischer Verfahren zur Bestimmung der Kohlequalität gearbeitet. Die Kohlenstoffgehaltsbestimmung durch Messung neutroneninduzierter Gammastrahlung wurde 1964 publiziert [1]. Weitere Arbeiten folgten 1979 [2, 3, 4] und 1983 [5, 6]. Dabei handelt es sich um Untersuchungen an Labormeßeinrichtungen, die die prinzipielle Anwendbarkeit des Verfahrens nachweisen. Es wird erwartet, daß die große Durchdringungsfähigkeit schneller Neutronen und der hochenergetischen Gammastrahlung eine hinreichend genaue Bestimmung des Kohlenstoffgehalts auch bei größeren Inhomogenitäten des Meßgutes ermöglicht. Dadurch sollten Messungen direkt am Hauptband eines Braunkohlentagebaues durchführbar sein.

Ein Problem der Messung liegt im Verhältnis des geringen Meßeffektes zum großen Untergrund. Die vielfachen Störeffekte, die durch Aktivierung, (n, γ)- und (n, n′, γ)-Reaktionen an anderen Elementen sowie durch Neutronenreaktionen im Detektor entstehen, beeinträch-

[1]) Anschrift: DDR-8027 Dresden, Mommsenstr. 13

Mitteilungen / Information

IAEA: Fragen der Kernsicherheit beim Gouverneursrat der IAEA

Die Vorsitzende des Gouverneursrats der IAEA, Ihre Exzellenz Artati Sudirdjo aus Indonesien, gab am 22.5.1986 folgende Erklaerung ab, in der sie die auf der am 21. Mai zu Ende gegangenen ausserordentlichen Tagung des Rats gefassten Beschluesse zusammenfasste.

- Der Rat hat den Reaktorunfall, der sich vor kurzem im Kernkraftwerk Tschernobyl ereignet hat, sowie andere Unfaelle aus der Vergangenheit, behandelt und die offensichtliche Notwendigkeit einer staerkeren Zusammenarbeit auf dem Gebiet der Kernsicherheit festgestellt.
- Der Rat brachte sein tiefstes Mitgefuehl fuer alle jene zum Ausdruck, die durch den Reaktorunfall in Tschernobyl zu Schaden gekommen sind.
- Der Rat erinnerte an das am 9. Mai 1986 in Moskau beim Abschluss des Besuchs des Generaldirektors in der UdSSR herausgegebenen Kommunique, in dem angekuendigt wurde, dass die Informationen ueber den Unfall in Tschernobyl auf einem Treffen von Kernsicherheitsexperten eroertert werden wuerden, damit die Mitgliedsstaaten der IAEA aus dem Unfall lernen und die Sicherheit der Kernkraftgewinnung noch weiter verbessern koennten.
- Der Rat verwies auch auf kuerzlich abgegebene Erklaerungen zahlreicher fuehrender internationaler Politiker bezueglich der Notwendigkeit, die internationale Zusammenarbeit auf dem Gebiet der Kernsicherheit zu verstaerken, einschl. eines Systems der sofortigen Verstaendigung und Zurverfuegungstellung von Informationen in nuklearen Notfaellen, im Rahmen der IAEA.
- Der Rat erkennt an, dass die bestmoeglichen Sicherheitsnormen gewahrt werden muessen, damit die Nutzung der Kernenergie auch weiterhin eine wichtige Energiequelle fuer die Deckung der Beduerfnisse der Menschheit darstellen kann.
- Der Rat eroerterte die in einem Sekretariatsdokument vom 16.5.1986 dargelegten Vorschlaege bezueglich der Ausweitung der derzeitigen Aktivitaeten der IAEA auf dem Gebiet der Kernsicherheit und nahm auch zusaetzliche Vorschlaege des Generaldirektors in dieser Angelegenheit zur Kenntnis.
- Der Rat nahm die von der UdSSR zur Verfuegung gestellten Informationen bezueglich des Ablaufs der Ereignisse, der Unfallfolgen und der zu ihrer Beseitigung getroffenen Massnahmen zur Kenntnis und begruesste die Bereitschaft der UdSSR, in der nahen Zukunft umfassende weitere Informationen zur Verfuegung zu stellen.
- Der Rat wuerdigte den Generaldirektor fuer den sofortigen und nachdruecklichen Einsatz des Sekretariats als Reaktion auf den Unfall in Tschernobyl und fordert ihn auf, den tatkraeftigen Einsatz der IAEA auf dem Gebiet der Kernsicherheit fortzusetzen und mit anderen internationalen Organisationen zusammenzuarbeiten.
- Angesichts der zahlreichen Vorschlaege seitens der Ratsmitglieder, einschl. eines Resolutionsentwurfes, hat der Rat beschlossen, den Generaldirektor zu ersuchen, bei der im Juni stattfindenden Ratssitzung seine detaillierten Vorschlaege bezueglich der Durchfuehrung des folgenden Programms zu unterbreiten:

. Einberufung, innerhalb von drei Monaten, eines Treffens zur Eroerterung der Unfallfolgen, an dem eine moeglichst repraesentative Gruppe von Experten teilnehmen soll. Die Ergebnisse dieses Treffens haben dem Rat, zusammen mit weiteren Handlungsempfehlungen an die IAEA, noch vor seiner Tagung im September vorgelegt zu werden.

. Schaffung repraesentativer Gruppen von Regierungsexperten, die vordringlich Entwuerfe fuer internationale Abkommen ausarbeiten sollen.

. Schaffung einer Arbeitsgruppe von Experten, die ueber einen laengeren Zeitraum hinweg zusaetzliche Massnahmen zur Verbesserung der Zusammenarbeit auf dem Gebiet der Kernsicherheit, darunter auch Mittel und Wege zur Verfeinerung der nuklearen Sicherheitsnormen eroertert wuerden.

. Baldige Einberufung, unter der Schirmherrschaft der IAEA, einer Konferenz von Regierungsvertretern ueber saemtliche Bereiche der Kernsicherheit, darunter auch Kernsicherheitspolitik, und Behandlung von Empfehlungen. (IAEA-Pressekommunique (1986)8)

Kurznachrichten / Newlets

Kernenergie:

FRANKREICH-1985 ATOMSTROMANTEIL (64,8% - IM DEZEMBER MONATS-REKORD 71,9%

In Frankreich kletterte der Atomstromanteil im Dezember 1985 auf die neue Monats-Rekordhoehe von 71,9%. Der Anteil der konventionell thermischen Kraftwerke betrug 18,5%, jener der Wasserkraftwerke 9,6%. Gemaess Angaben der staatlichen Electricite de France (EDF) produzierten die Kernkraftwerke Frankreichs im Jahre 1985 328,8 Mia kWh und trugen damit 64,8% zur gesamten Elektrizitaetserzeugung des Landes bei. Im Januar 1986 betrug der Nuklearanteil 70,6% (SVA-Bulletin (1986)5)

FRANKREICH HAT STROMEXPORTE NACH ENGLAND AUFGENOMMEN

Nach Abschluss eines Versuchsprogrammes mit der Kabelverbindung fuer den Stromverbund zwischen Frankreich und Grossbritannien wurde am 24.3.86 erstmals Elektrizitaet auf kommerzieller Basis transportiert. Die Installationen dienen bis auf weiteres dem Stromexport von Frankreich nach England. Als Grundlage fuer dieses Geschaeft dient ein Rahmenabkommen zwischen der Electricite de France (EDF) und dem britischen Central Electricity Generating Board (CEGB), das fuer die Dauer von zwei Jahren abgeschlossen wurde. Das Verbundsystem, das nun einseitig mit Gleichstrom bei einer Spannung von 170 000V betrieben wird, traegt die Bezeichnung IFA 2000, weil es fuer eine Leistung von 2000 MW ausgelegt ist. Der bis heute realisierte und bereits maximal benuetzte Ausbauschritt leistet 500 MW. Im Endausbau wird die Verbindung zwei 1000-MW-Straenge aufweisen, wobei jeder Strang zwei Kabelpaare umfasst, ein franzoesisches und ein englisches. Man rechnet damit, dass das zweite franzoesische Kabelpaar bis Ende Mai 1986 verfuegbar sein wird. Die Inbetriebnahme des gesamten IFA-2000-Systems ist fuer den naechsten Winter vorgesehen. (SVA-Bulletin (1986)8)

Kerntechnik:

JAPAN-INBETRIEBNAHME EINER VERSUCHSANLAGE ZUR CHEMISCHEN URAN-ANREICHERUNG

Anfang Februar 1986 hat die japanische Firma Asahi Chemical Industry eine Versuchsanlage zur Anreicherung von U auf chemischem Wege in Betrieb genommen. Die Anlage, die in der Zeit von 1982 bis 1985 errichtet wurde, ist fuer eine Anreicherungsleistung von 1000 bis 2000 kg Trennarbeitseinheiten pro Jahr ausgelegt. Ihr Standort ist die Stadt Hyuga in der Praefektur Miyazaki. In Laborversuchen hat Asahi Chemical Industry mit dem auf Austauschreaktionen in Kolonnen beruhenden Verfahren bereits kleine Mengen auf 3% U-235 angereichertes U hergestellt. Die dabei verwendeten kleinen Kolonnen hatten einen Durchmesser von 2 cm, bei einer Hoehe von 2,5m. Mit der jetzt in Betrieb genommenen Anlage soll bis 1987 insbesondere festgestellt werden, ob sich das Anreicherungsverhalten bei einer Vergroesserung der Apparate verschlechtert. Die Kolonnen in der Versuchsanlage haben einen Durchmesser von 1cm, bei einer Hoehe von 3m. Die Entwicklungsareiten zur U-Anreicherung auf chemischem Wege sind Bestandteile des offiziellen japanischen Atomenergie-Programms, sind aber hinsichtlich ihrer Prioritaet an zweiter Stelle nach der Anreicherung mit Gaszentrifugen eingestuft. (SVA-Bulletin (1986)5)

ROBOTER REINIGT KERNKRAFTWERK

Zur Beseitigung der Aktivitaet im amerikanischen

Kernkraftwerk Three Mile Island-2(TMI) in Harrisburg, das beim Unfall schwer beschaedigt wurde, werden Roboter fuer die Reinigungsarbeiten eingesetzt. An der Reparatur sind sechs eigens fuer diesen Zweck entwickelte Roboter beteiligt. Das hoechstentwickelte Geraet ist eine auf sechs Beinen laufende Maschine, die ihr fuenffaches Eigengewicht heben und sich beim Gehen in jede Richtung um 360° drehen kann. Die Elektronik der Mikroprozessorsteuerungen vertraegt auch hohe Strahlenpegel. (Atomwirtschaft/Atomtechnik 31(1986)5, S. K+U III)

Natural Radioactivity:
MONITORING Rn IN INDOOR AIR

Rn, a naturally occurring radioactive noble gas, has long been known to cause lung cancer when present at fairly high levels, as in uranium mines. But recently there has been increasing concern over the possible health effects of long-term exposure to lower levels of Rn indoor air. The Environmental Protection Agency estimates that 1-2 million American homes may be contaminated with dangerously high levels of Rn, and it has been postulated that as many as 30,000 lung cancer deaths annually may be atributable to inhalation of airborne radioactive daughters of Rn-
(Analytical Chemistry 58(1986)1, p. 44A)

Kernfusion:
JET-65 MIO. GRAD ERREICHT

Das europaeische Gemeinschaftsexperiment Joint European Torus (JET) in Culham/Grossbritannien hat im Jahre 1986 mit einer neuen Experimentierphase begonnen. Nach dem Einbau einer der beiden vorgesehenen Neutralteilchen-Heizungen wurden in ersten Experimenten bereits Erhoehungen der Plasmatemperatur um 40 Mio Grad erreicht. Bei den bisherigen Experimenten seit Betriebsbeginn im Juni 1983 benutzte man vor allem einen starken, im Plasma fliessenden elektrischen Strom bis zu 5 Mio A, der das Plasma auf 40 Mio Grad aufheizen konnte. Da die Heizwirkung des Stromes mit steigender Plasmatemperatur nachlaesst, werden zusaetzliche Heizverfahren noetig. Mit Hilfe der Radiowellen-Heizung, die bisher Leistungen von 6 MW in das Plasma einstrahlte, erreichte man 1985 nochmals eine Temperaturerhoehung um 10 Mio Grad im Plasmazentrum. Mit der neu eingebauten Neutralteilchen-Heizung werden schnelle ungeladene Wasserstoffteilchen in das Plasma eingeschossen, die ihre Energie bei Zusammenstoessen an die Plasmateilchen weitergeben. Teilchenstrahlen einer Energie von 65 keV pro Teilchen pumpten in 5s langen Pulsen etwa 5,5MW Leistung in das Plasma. Damit konnte in ersten Versuchen die Plasmatemperatur von 22 Mio Grad (Stromheizung) auf 65 Mio Grad gesteigert werden. Anders als bei der Radioellen-Heizung geht die Verunreinigung des Plasmas waehrend des Heizens zurueck. Wegen der staendigen Teilchenzufuhr nimmt bei der Neutralteilchen-Heizung die Plasmadichte stetig zu. Da Plasmainstabilitaeten dabei vermieden werden konnten, hat sich der zum Experimentieren zugaengliche Dichtbereich um 70% vergroessert. Bis 1989 soll die Plasmaheizung bei JET stufenweise auf insgesamt 25MW Leistung- davon 10MW durch Neutralinjektion und 15MW durch Radiowellen-Heizung- ausgebaut werden.(Atomwirtschaft/Atomtechnik 31(1986)5, S. 219)

Kernenergetik:
SIZEWELL-B - LORD MARSHALL WARNT VOR WEITEREN VERZOEGERNUNGEN

Der eigentlich fuer den Monat Maerz erwartete Schlussbericht ueber die Hearings zum Projekt des staatlichen britischen Central Electricity Generating Board (CEGB), mit der Anlage Sizewell-B an der Kueste von Suffolk im Vereinigten Koenigreich erstmals einen kommerziellen Druckwasserreaktorblock zu errichten, ist nunmehr auf September 1986 in Aussicht gestellt. Diese erneute Verzoegerung im Ringen um den Sizewell-B-Entscheid hat den Vorsitzenden des CEGB, Lord Marshall, dazu veranlasst, vor einem Ausschuss des Oberhauses warnend darauf hinzuweisen, dass das CEGB nicht in der Lage waere, "die Lichter brennen zu lassen", wenn kuenftige Kraftwerksprojekte nach dem gleichen Zeitplan behandelt wuerden wie Sizewell-B. Lord Marshall machte darauf aufmerksam, dass die britische Nachfrage nach Elektrizitaet in den vergangenen drei Jahren staerker als erwartet zunahm, weshalb die Einheit Sizewell-B und weitere Kraftwerke moeglichst rasch verwirklicht werden muessten. Der Vorsitzende des CEGB fuegte bei, er hoffe, dass die institutionalisierten Rahmenbedingungen in Grossbritannien nicht zum Zwange fuehrten, eine Vielzahl von Verbindungskabel durch den Aermelkanal zu verlegen, um von der erfolgreichen franzoesischen Kernenergie-Produktion profitieren zu koennen. (SVA-Bulletin (1986)7)

Radiooekologie:
LORD MARSHALL - RADIOAKTIVITAET IN JEDEM GARTEN ...

Auf ebenso unkonventionelle wie eindrueckliche Weise hat es der Vorsitzende des staatlichen britischen Central Electricity Generating Board (CEGB), Lord Marshall, unternommen, der Oeffentlichkeit bewusst zu machen, in welchen Relationen die Aufgabe der Beseitigung radioaktiver Abfaelle gesehen werden muss und wie sehr die Sicherheit auf diesem Gebiet gewaehrleistet ist. In einem Vortrag in der Westminster School in London gab Lord Marshall den Schuelern zu bedenken, dass in jedem privaten Garten radioaktive Strahlung festgestellt werden kann. Wie der Chairman des CEGB dabei ausfuehrte, sind in jedem Garten von 20 x 20m im obersten Meter unter der Oberflaeche etwa 2kg U, 6kg Th und 0,8kg K-40 vorhanden. Die darin enthaltene natuerliche Radioaktivitaet sei, so praezisierte Lord Marshall, betraechtlich hoeher als diejenige der schwachradioaktiven und kurzlebigen mittelradioaktiven Abfaelle, die in einem Kernkraftwerk bei der Erzeugung der Elektrizitaet entstehen, die noetig ist, um den Strombedarf eines Menschen waehrend seiner ganzen Lebenszeit zu decken. Lord Marshall fuegte zur Veranschaulichung bei, selbst wenn die radioaktiven Abfaelle aus der Produktion von Atomstrom auf alle Gaerten in Grossbritannien verteilt wuerden, ueberstiege die entsprechende Strahlung den Rahmen der natuerlichen Radioaktivitaet nicht und waere in vielen Faellen sogar geringer. Wohl bedeutet die radioaktive Strahlung im Gartenboden ein potentielles Risiko. Dank den in der Natur bestehenden Schutzfaktoren sei jedoch die tatsaechliche Gefaehrdung derart gering, dass jedermann sich zeitlebens seines Gartens erfreuen koenne. Im Verlauf seines Vortrags fuehrte Lord Marshall den Schuelern mit blosser Hand Proben schwach- und mittelradioaktiver Abfaelle vor, wobei er betonte, nach den Strahlenschutzbestimmungen duerfe er diese Demonstration im laufenden Jahr "nur" 250 Mal durchfuehren. Er gedenke indessen, sich auf ungefaehr 20 Vortraege zu beschraenken. (SVA-Bulletin (1986)5)

Wiederaufbereitung:
BRITISCHE GEWERKSCHAFTER VERURTEILEN KAMPAGNE GEGEN SELLAFIELD

Delegierte von sechs Gewerkschaften, deren Mitglieder in der Wiederaufarbeitungsanlage Sellafield der British Nuclear Fuels plc.(BNFL) beschaeftigt sind, haben an einer gemeinsamen Tagung die "hemmungslose Kampagne" gegen diesen Betrieb verurteilt. Die Gewerkschafter bekraeftigten zugleich ihr Vertrauen in die britische Nuklearindustrie und begruessten die von der obersten Gesundheitsbehoerde angeordnete Ueberpruefung der Anlage Sellafield. In der Stellungnahme wurde weiter ausgefuehrt, die Gewerkschaften seien zwar besorgt ueber moegliche Fehlleistungen im Management, die zu Risiken fuer das Personal und die Oeffentlichkeit fuehren koennten, aber auch empoert ueber die Art und Weise, wie industriefeindliche Kreise das Publikum mit Horrormeldungen verunsichert haetten, die zu den kuerzlichen Zwischenfaellen in keinem Verhaeltnis stuenden. Die gewerkschaftliche Erklaerung unterstrich, dass die Beschaeftigten der Wiederaufarbeitungsanlage Sellafield und deren Organisationen an erster Stelle reagieren wuerden, wenn ein Stoerfall eine ernstliche Gefaehrdung des Personals und der Oeffentlichkeit erkennen liesse. Von ihrer Seite, so betonten die Gewerkschaften, werden weiterhin auf die Einhaltung strengster Sicherheitsforderungen in diesem Industriebereich hingewirkt, der fuer die Zukunft der Energieversorgung und der Wirtschaft Grossbritanniens von entscheidender Bedeutung sei. (SVA-Bulletin (1986)7)

Isotope Geochemistry:
DETERMINATION OF BORON ISOTOPE RATIOS BY THERMAL IONIZATION MASS SPECTROMETRY

A method for the high-precision determination of the isotopic composition of boron by thermal ionization mass spectrometry of $Cs_2B_4O_7$ is described. The method is capable of producing isotope ratio analysis with a standard deviation of 0.12‰. Procedures for the separation and chemical isolation of boron from silicates and aqueous solutions are also described. Careful attention has been paid to the analysis of blanks and other procedural artifacts. (Analyt. Chem. 58(1986)1, S. 31-35, A.J.Spirack; J.E.Edmond)

Tracertechnik:
MODERNE INDUSTRIELLE ANWENDUNG DER RADIOTRACERMETHODE

Mit einer konzisen Studie der neuen Literatur unter dem Titel "Die Leitisotopenmethode - Versuch eines Ueberblicks" hat D. Donhofer vom Oesterreichischen Forschungszentrum Seibersdorf kuerzlich den heutigen Stand der industriellen Anwendungen der Radiotracermethode in einem rund 12seitigen Bericht dargestellt. Die Tracermethode macht von der Markierung von Substanzen durch zugesetzte Radionuklide Gebrauch, um Mischungs-, Verteilungs- und Transportvorgaenge mittels der vom Tracer emittierten Strahlung untersuchen zu koennen. Wie der Bericht OEFZS--4338 / IA--143/85 ausfuehrt, ist die bei weitem groesste Verbreitung der Anwendung von Leitisotopenmethoden in den Industriesparten Erdoel, Raffinerie und Chemie zu verzeichnen. Grosse Bedeutung haben Tracermethoden auch bei der Untersuchung einzelner Prozesschritte in der Zementindustrie, der Papier- und Zellstoffindustrie, der Eisen-, und der Nichtmetall-Industrie. Vielfaeltig sind schliesslich die Anwendungen der Leitisotopentechnik auf dem Gebiet der Abrieb- und Schmierungsuntersuchungen sowie fuer Durchflussmessungen. Der Bericht kann bei der folgenden Adresse angefordert werden: Oesterreichisches Forschungszentrum Seibersdorf Ges.m.b.H., Lenaugasse 10, A-1082 Wien. (SVA-Bulletin (1986)7)

Strahlentechnik:
KANADISCHER ELEKTRONENBESCHLEUNIGER FUER INDUSTRIELLE ANWENDUNGEN

Die Atomic Energy of Canada Ltd. (AECL) baut im Whiteshell Nuclear Establishment in Manitoba eine Forschungsanlage fuer Beschleunigeranwendungen. Die Mehrzweckanlage wird der Forschung und Entwicklung auf dem Gebiet der industriellen Strahlennutzung dienen. Die Inbetriebnahme ist fuer Fruehling 1987 geplant. Das Herz der Anlage ist ein von der AECL entwickelter 10-MeV-Elektronenbeschleuniger. Es soll Experimente ueber die Strahlenbehandlung von Lebensmitteln, Klaerschlamm, Tierfutter, Kunststoffen und anderen Materialien ermoeglichen. In der neuen Einrichtung sollen ferner voellig neue Strahlenverfahren fuer bestimmte Produkte entwickelt werden. Der Beschleuniger wird schliesslich zur Demonstration spezifischer Anwednungen von Strahlenverfahren im halbindustriellen Massstab dienen und genuegende Mengen von Produkten fuer Sicherheits- und Markttests erzeugen. (SVA-Bulletin (1986)9)

Strahlenbiologie:
BIOLOGISCHE WIRKUNG KLEINER STRAHLENDOSEN

Vieles, was man heute ueber die biologischen Auswirkungen von ionisierenden Strahlen weiss, geht zurueck auf epidemiologische Studien an Menschen, die hohen Dosen und/oder hohen Dosisraten ausgesetzt waren. Eine Anzahl von Studien versuchen, gesundheitsschaedigende Auswirkungen in Gebieten zu finden, wo eine erhoehte natuerliche Radioaktivitaet vorliegt. Bezueglich der Auswirkungen von kleinen Strahlendosen ist man sich nach Ausfuehrungen von Rosalyn S. Yalow, die 1977 den Nobelpreis fuer Medizin/Physiologie aufgrund ihrer Forschung auf dem Gebiet des sog. Radio-Immuno-Nachweises von Viren erhielt, einig, dass es bisher ungeahnte Wiederherstellungsmechanismen gibt. Die Uneinigkeit auf dem Gebiet der kleinen Strahlendosen betrifft Hypothesen, nicht beobachtete Tatsachen. (Atomwirtschaft/Atomtechnik 31(1986)6, S. K+U IV)

Natuerliche Strahlung:
HOEHERE BELASTUNG

Nach einer Pressemitteilung des deutsch-schweizerischen Fachverbandes fuer Strahlenschutz, dem rund 700 Wissenschaftler und Praktiker des Strahlenschutzes angehoeren, ist die Strahlenbelastung der Bevoelkerung durch natuerliche Quellen auf einigen Teilgebieten hoeher, als noch vor einigen Jahren angenommen wurde. Die natuerliche Strahlenexposition aus Hoehen- und terrestrischer Strahlung betraegt pro Jahr in der BRD ca. 1mSv (100mrem). Dazu kommen im Durchschnitt etwa 1,5mSv (150mrem) aus der Medizin. Die industrielle Verwendung von Radionukliden einschliesslich der Kerntechnik traegt lediglich mit weniger als 0,1mSv (10 mrem) zur Strahlenexposition der Bevoelkerung bei. (Atomwirtschaft/Atomtechnik 31(1986)6, S. K+U I)

Ausgewählte Beiträge / Recently published papers

JADERNA ENERGIA 32(1986)4 (in Czech)

Miniature silicon photodiodes for photon and electron radiation dosimetry in therapeutical applications - O. Gilar; I. Petr

X-ray spectrometer - V. Polivka

The measurement of Ra-226 in water and the measurement of radon and daughter products in air - V. Dvorak et al

The dose and dose rate monitor - J. Ryba et al

The gamma dose rate measurement on the base of pulse rate measurement by means of scintillation detector - L. Viererbl

New organic components for scintillation technique - substituted pyridine derivates of oligophenylene type - B. Svobodova et al

Statistical scattering of physical parameters in in low level activity measurement - O. Fronka; O. Novakova

J. RADIOANAL. NUCL. CHEM. LET. 103(1986)1

The mechanism of the reaction of elementary astatine with organic solvent - N. Fakahashi; K. Otozai

Si-32 in precipitation of Freiberg (GDR) - T. Franke et al

Production of I-123 on linear accelerator using highly-enriched Xe-124 - I.K. Kikoin et al

Image of on infinite radioation field - I.Petr

J. RADIOANAL. NUCL. CHEM. LET. 103(1986)5

A comparison of neutron activation and alpha spectroscopy analyses of thorium in crystalline rocks - A.B. MacKenzie et al

J. RADIOANAL. NUCL. CHEM. LET. 103(1986)6

Luminescent determination of microamounts of plutonium - Yu.P. Novikov et al

Determination of cadmium by radiochemical displacement - B. Rangamannar et al

J. RADIOANAL. NUCL. CHEM. LET. 104(1986)1

Thickness measurement of silicon films using 14 MeV neutrons - S.S. Jayanthakumar; V.N. Bhoraskar

Oxidation of plutonium by cobalt (III) green - N. Gopinath; G.A. Rama Rao

Dithiocarbamate extraction of trace amounts of selenium from biological samples for NAA - N.M. Hani et al

Self-irradiation effects in plutonium compounds and the role of thermal spikes : EPR studies - M.V. Krishnamurthy

X-ray fluorescence spectroscopy with composite secondary target excitation - M. Jaksic et al

NAA of some trace elements (selenium, chromium, cobalt and nickel) in the blood of vitiligo patients - D.K. Teherani; K. Nagy-Vezekenyi

J.RADIOANAL. NUCL. CHEM. LET. 104(1986)2

Irradiation of cellulose nitrate film with plutonium isolated from sea organisms - S. Portakal

Extraction of tetravalent berkelium by high molecular weight amines in the presence heteropolyanions - M.S. Milyukova et al

Neutron activation analysis of Turkish clays - S. Aksoyoglu et al

NAA determination of iron and silicon in USGS standards and bauxites using fast neutrons from Am-241-Be source - R.J. Batra et al

JEOL NEWS 21A(1985)2

Cd-113 NMR studies of some Cd-II-complexes - M. Munakata et al

Evaluation of post acceleration type high sensitive ion detector for MS - MS Group,JEOL

UKRAINSKII BIOCHIMITSCHESKII ZHURNAL 57(1985)4

Incorporation of radioactive phosphorus into creatine phosphate of rabbit myocardium under conditions of experimental coronary insufficiency - G.S. Voronkov et al

CHIM. PRIRODNICH SOEDINENII (1985) 3

Preparation of tritiated prostaglandin-E3 - V.P. Shewchenko et al

NMR C-13 spectra of biologically active compounds. 1. Alpha-homologs of 11-deoxyprostaglandins - E1 - C.A. Tolstikow et al

AMERIACAN J. CLINI. NUTRITION 42(1985)1

A stable isotope study of copper absorption in young men : effect of phytate and alphacellulose - J.R. Turnlund et al.

ANTIBIO. MED. BIOTECHN. 30(1985)6

Binding of certain antibiotics by subcellular fractions of rat liver homogenates and their intracellular distribution in acute radiation diseases - G.Ja. Kivman et al

INT. J. RADIAT. BIOL. 48(1985)1

Oncogenic transformation with radiation and chemicals Review - E.J. Hall; T.K. Hei

AMERICAN J. CLIN. NUTR. 41(1985)5

Contribution of 500 g naturally labelled C-13 dextrin maltose to total carbohydrate utilization and the effect of the antecedent diet, in man - K.J. Acheson et al

CHIM. FARMAZEVTITSCHESKI ZHUR. 19(1985)3

Effect of radiographic contrast agents on bromosulfophthalein absorption by rat liver sections - N.L. Chimanovsky; E.N. Boletova

Synthesis and radioprotective efficacy of some diol lipids - L.A.Chechulina et al

Decrease of microbial contamination of packaged drug tablets and powder by gamma-radiation of Co-60 - S.A. Safarov et al

J. AGRICULTURAL FOOD CHEM. 33(1985)4

Effect of nitrogen level and time of application on the protein content and amino acid composition of irrigated wheats - P.N. Okoh et al

Techniques for intrinsically labelling wheats with Zn-65 - Th.L. Starks; Ph.E. Johnson

Growth and intrinsic labelling of peanuts with Cu-65 for use in human bioavailibility studies - Th.L. Starks; Ph.E. Johnson

PRIKLADNAYA BIOKHIMIYA MIKROBIOL. 22(1986)1

Some features of the lysine transport into the cells of Corynebacterium glutamicum and its lysine-producing mutants (using C-14-lysine) - M.G. Lunts et al

A study on the structural organization of chloroplast DNA in different cotton species (usig DNA-I-125-DNA) - N.A. Rakhmatov et al

BIOKHIMIYA 51(1986)1

Glucose metabolism and matrix synthesis in the mitotic cycle of human diploid fibroblasts (using (5-methyl-H-3)thymidine, (5-H-3)orotic acid and C-14-labelled protein hydrolyzate) - S.B. Alekseev et al

Genome structure of Brassica campestrig L., Arabidopsis thaliana (L.) Heinh and their somatic cell hybrid, Arabidobrassica (using P-32-rRNA) - G.P. Miroshnichenko et al

Shikimate dehydrogenase from Pinus silvestris L. needles (using C-14-shikimate) - V.I. Osipov et al

ATOMNAJA ENERGIJA 61(1986)2 (all in Russian)

Errors of power-plant mathematical models - V.N. Dolgov

Thermally activated and electron stimulated desorption of gases implanted in metals - V.N. Kanishchev; N.P. Katrich

A aspects of quadrupole mass-spectrometer operation with an imperfect analyzing field - V.V. Titov

Analysis of direct formation of U-isotopes in the reaction U-238 (n, xn) - A.G.Dovbenko et al

Joint determination of concentrations of Rn-222 and Rn-220 decay products in air - M.V.Terentyev

Pu migration in soils - F.I. Pavlotskaya et al

A method of detecting Be from the reaction (α,n) - Pham Ngok Chyong et al

Calculation of deuteron range in neutron-generator targets taking into account Tritium concentration changes with target depth - V.M. Gulko et al

The application of LiF detectors to register gamma-rays over a broad range of doses - V.G. Erkin ; A.A. Persinen

Analysis of sizes, configuration and distribution of micro-inclusions by means of neutron-activation autoradiography - E.S. Flitsiyan et al

tigen unterschiedlich stark den Meßwert bei der Anwendung verschiedener Neutronenquellen und Meßanordnungen.

Der Vergleich verschiedener Meßmethoden ist mit Hilfe eines transporttheoretischen Modells der Strahlung möglich, mit dem untergrundfreie Meßwerte berechnet werden können. Theoretische Untersuchungen mit Hilfe mathematischer Darstellungen des Neutronen- und Photonentransportes haben im Unterschied zu experimentellen den Vorteil, daß man mit ihnen schnell und billig die unterschiedlichsten Experimente modellieren, Störeinflüsse getrennt untersuchen und damit die günstigsten Meßbedingungen ermitteln kann.

2. Grundlagen der Berechnung

Die Photonen werden bei der unelastischen Neutronenstreuung in einer Zeit, die kleiner als 10^{-10} s ist, vom angeregten Kern emittiert. Das Energiespektrum der Photonen besteht bei leichten Elementen nur aus wenigen Linien. Im ^{12}C-Kern werden mit Neutronen einer Energie bis 14 MeV drei Kernniveaus angeregt, die Beiträge im Photonenspektrum zur 4,43-MeV-Linie und zu einer schwachen 3,21-MeV-Linie liefern. Für die 4,43-MeV-Photonen ist der Produktionsquerschnitt in Abb. 1 dargestellt, er beträgt $(224 \pm 10)\ 10^{-31}\ m^2$ für 14-MeV-Neutronen [7]. Der anisotrope Charakter der Winkelverteilung der Photonen ist zu beachten, wobei die Emissionsrichtungen um 0° und 180° die größten Wahrscheinlichkeiten haben.

Die Berechnungen stützen sich auf solche Strahlungsquellen, die für den industriellen Einsatz in Frage kommen. Dies sind die ^{241}Am/Be- und die ^{238}Pu/Be-Radionuklidneutronenquellen sowie die ^{252}Cf-Spaltneutronenquelle und der DT-Neutronengenerator. Die Energiespektren der Neutronen wurden den Arbeiten von *Lorch* [8] und *Werle* [9] entnommen. Der Anteil der Neutronen oberhalb der Schwellenenergie der $^{12}C(n, n', \gamma)^{12}C$-Reaktion beträgt bei den Radionuklidquellen 30–40% und bei der Spaltneutronenquelle 6%. Die Neutronen des DT-Generators besitzen in Deuteronenstrahlrichtung eine Energie von 14,7 MeV. Sie können näherungsweise als monoenergetisch betrachtet werden.

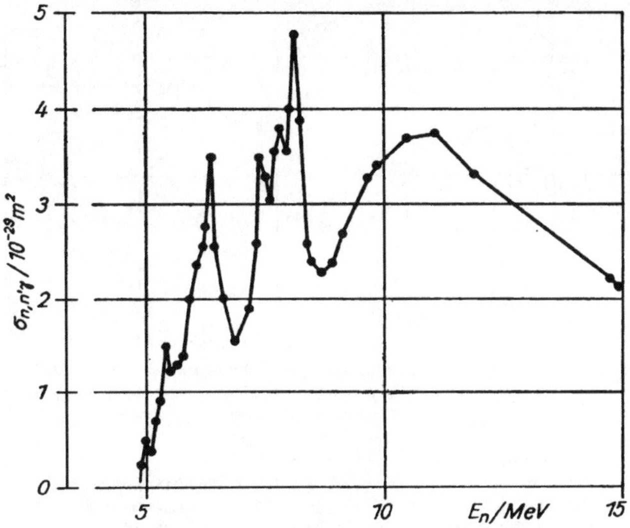

Abb. 1. Produktionsquerschnitt der 4,43-MeV-Gammastrahlung aus der Kernreaktion $^{12}C(n, n', \gamma)^{12}C$ über der Neutronenenergie [7, 21]

Bei der DT-Reaktion entstehen gleichzeitig ein α-Teilchen und ein Neutron. Dies ist die Grundlage für die Methode der zeitlich korrelierten assoziierten Teilchen (MEZKAT), die einen Detektor für die α-Teilchen im Inneren des DT-Generators und einen Detektor für die angeregten Photonen erfordert [10]. Auf Grund der zeitlichen Korrelation zwischen den Impulsen des α- und des Photonendetektors kann eine Auswahl der Photonen der (n, n', γ)-Reaktion durch Einsatz einer Koinzidenzschaltung realisiert werden. Der α-Detektor erfaßt die α-Teilchen innerhalb eines begrenzten Öffnungswinkels. Dadurch werden nur Neutronen berücksichtigt, die entsprechend der kinetischen Beziehung der Kernreaktion innerhalb eines Konus auf das Meßgut treffen. Bei einer Neutronenausbeute von $10^9\ s^{-1}$ tragen zur Entstehung des Meßeffektes nur $3{,}7 \cdot 10^5\ s^{-1}$ bei, die in einen experimentellen Bedingungen entsprechenden Konus von 8,5° Öffnungswinkel fallen.

Der Gammastrahlungsmessung wird ein 3″ × 3″-NaI(Tl)-Szintillationsdetektor zugrunde gelegt. Berechnet werden die Impulsraten des Photopeaks und der Paarpeaks. Die Summe der drei Peaks wird als Meßeffekt definiert.

3. Berechnungsmethode

Das transporttheoretische Modell beinhaltet die Simulierung des Neutronentransports im Meßgut und des Photonentransports bis zur Detektoroberfläche. Aus der totalen Detektoreffektivität und dem Formalismus von *Berger* und *Seltzer* [11] zur Beschreibung von Impulshöhenspektren eines NaI-Szintillationsdetektors wird der Meßeffekt berechnet. Die Lösung der Transportgleichung wird durch Anwendung der Monte-Carlo-Methode in der nichtanalogen Form realisiert, die zur Erhöhung der Effektivität des Rechenprogramms und zu kleinen Varianzwerten des Rechenereignisses führt. Dies wird erreicht durch die Berechnung von Gewichtsfaktoren der einzelnen physikalischen Ergebnisse, so daß jedes mit dem Meßgut in Wechselwirkung tretende Neutron mindestens zu einem Photon am Detektor führt. Berücksichtigt werden weiterhin alle Mehrfachstreuungen der Neutronen, bis sie eine Energie erreicht haben, die der Energieschwelle der (n, n', γ)-Reaktion entspricht. Neben dem Energieabbruch existiert eine Begrenzung des Neutronentransport durch den Austritt der Neutronen aus dem Meßgut und einen Minimalwert des Gewichtsfaktors. Im Rechenprogramm wird die Kerndatenbibliothek ENDF-B IV verwendet [12].

Das Programm wurde für den Rechner BESM-6 aufgestellt. Es gestattet eine Stichprobenerhebung von 10000 Neutronen. Für die Photonenzählrate ergeben sich Genauigkeiten von 1 ... 3,5% (doppelte Standardabweichung). Hinsichtlich der Meßanordnung sind im Programm folgende Bedingungen und Variationsmöglichkeiten enthalten:

- Die Neutronenquelle ist punktförmig. Der Ort und der Abstand zum Meßgut sind wählbar. Es besteht die Möglichkeit, eine isotrope Neutronenbestrahlung oder einen Neutronenkonus zu simulieren.
- Das Meßgut hat die Form eines Quaders. Die Abmessungen und die Dichte sind wählbar. Das Meßgut kann

aus den Elementen Wasserstoff, Kohlenstoff, Sauerstoff und Eisen in einer wählbaren Zusammensetzung bestehen.
- Der Ort des Detektors ist wählbar.

Für die Wirkungsquerschnitte und die Winkelverteilungen werden die Zahl der einzugebenden Stützwerte und deren Abstände durch die Fluktuation der Daten bestimmt. Die maximale Zahl der Wirkungsquerschnitte für ein Element und eine Reaktion beträgt 118 und die maximale Zahl bei Winkelverteilungen für ein Element und eine Teilchenemission 20. Hinzu kommen für die unelastische Streuung der Neutronen am ^{56}Fe-Kern Intensitätsverteilungen der Photonen für 21 Neutronenenergien mit jeweils 129 Stützwerten der Photonenenergie. Alle Daten erstrecken sich über einen Neutronenenergiebereich von 0,5 ... 15 MeV.

Die Übereinstimmung berechneter und experimentell bestimmter Ergebnisse wurde mit Hilfe der MEZKAT nachgewiesen. Die Abweichungen betrugen maximal 1% bis −3%.

4. Ergebnisse

4.1. Anregung der 4,43-MeV-Gammastrahlung

In Tab. 1 ist der berechnete Meßeffekt für fünf Anregungsvarianten bei Durchstrahlungs- und Reflexionsgeometrie zusammengestellt. Erwartungsgemäß ergibt die Anregung mit 14-MeV-Neutronen den größten Meßeffekt. Bei der Anwendung der MEZKAT ist zu berücksichtigen, daß durch den gewählten Öffnungswinkel des Neutronenkonus nur $3{,}7 \cdot 10^5\ s^{-1}$ Neutronen zur Anregung beitragen. Bei der Anwendung von Radionuklidneutronenquellen ist zu beachten, daß durch die Kernreaktion ^{9}Be(α, n)^{12}C eine 4,43-MeV-Gammastrahlung von der Quelle selbst emittiert wird, die sorgfältig abgeschirmt werden muß. Spaltneutronenquellen haben den Nachteil einer sehr intensiven Gammastrahlung, die von den Spaltprodukten hervorgerufen wird. Dadurch scheiden die ^{252}Cf-Neutronenquellen für die Anwendung aus, da der geringe Meßeffekt nicht mit der notwendigen statistischen Sicherheit bestimmbar ist.

Hinsichtlich des Meßeffektes bestehen zwischen Durchstrahlungs- und Reflexionsgeometrie keine erheblichen Unterschiede. Andere geometrische Anordnungen erwiesen sich als unzweckmäßig, da bei ihnen kein eindeutiger Zusammenhang zwischen Meßgutdicke und Meßeffekt besteht.

Tab. 1. Meßeffekt der 4,43-MeV-Gammastrahlung bei Anregung von ^{12}C (Meßgut 60 cm × 60 cm, Dicke 40 cm, ϱ = 1 gcm^{-3}) mit Neutronen verschiedener Quellen bezogen auf eine Quellstärke von $10^9\ s^{-1}$
Durchstrahlungsgeometrie: Abstand Quelle – Meßgutoberfläche 30 cm, Abstand Quelle – Detektor 90 cm
Reflexionsgeometrie: Abstand Quelle – Meßgutoberfläche 30 cm, Abstand Detektor – Meßgutoberfläche 20 cm, Abstand Quelle – Detektor 20 cm (symmetrisch zur Mittelachse des Meßgutes)

Neutronenquelle	Meßeffekt, s^{-1}	
	Durchstrahlungsgeometrie	Reflexionsgeometrie
DT-Generator	5595 ± 157	16370 ± 344
DT-Generator mit MEZKAT	35 ± 0,6	61 ± 0,8
^{241}Am/Be	1380 ± 71	3826 ± 186
^{238}Pu/Be	1150 ± 54	3034 ± 134
^{252}Cf	197 ± 7	488 ± 15

4.2. Einfluß von Dicke und Dichte des Meßgutes auf den Meßeffekt

Die Beladung des Förderbandes ist durch Schütthöhe, Schüttdichte und Schüttprofil gekennzeichnet. Abb. 2 zeigt den Meßeffekt in Abhängigkeit von der Dicke des Meßgutes, das durch Kohlenstoff bzw. Polyethylen mit der Dichte 1 gcm^{-3} simuliert wurde. Polyethylen entspricht bezogen auf den Wasserstoffgehalt einer feuchten Kohle mit etwa 40% Wassergehalt. Es wurde wegen des Vergleiches mit experimentellen Ergebnissen gewählt. Bei 14 MeV Neutronenenergie stimmten berechnete und gemessene Abhängigkeiten überein.

Der Wasserstoff beeinflußt erheblich den Neutronentransport im Meßgut. Die Neutronen werden durch den Wasserstoff schneller abgebremst, so daß in dicken Proben die Zahl der Wechselwirkungen von 14-MeV-Neutronen, die zur Emission eines 4,43-MeV-Photons führen, von 3,4 bei Kohlenstoff auf 2,4 bei Polyethylen abfällt. Dies führt zu einer beträchtlichen Abnahme des Meßeffektes und zu einer Veränderung des Meßeffektes über der Meßgutdicke. Bei der Durchstrahlungsgeometrie verschiebt sich das Zählratenmaximum von 300 mm bei Kohlenstoff auf 170 mm bei Polyethylen.

Die Beladung des Förderbandes erfordert eine geeignete Korrektion des Meßwertes. Als Korrektionsgröße bietet

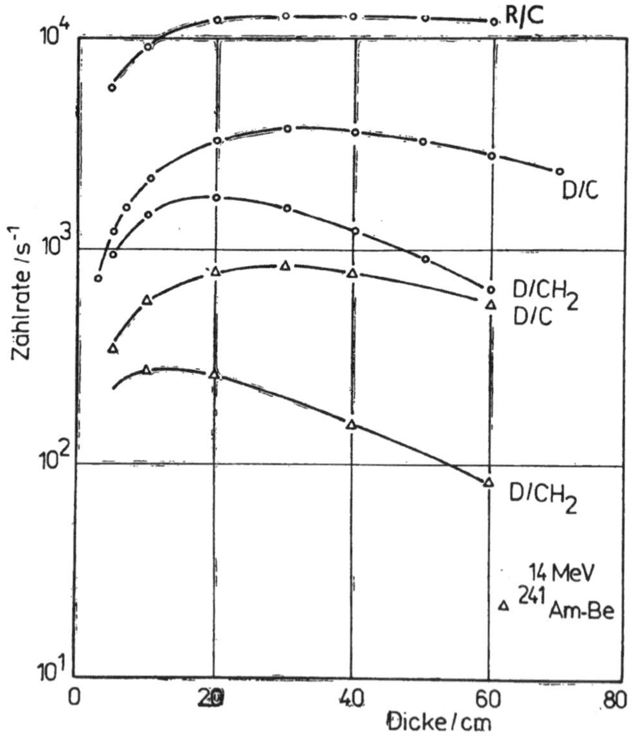

Abb. 2. 4,43-MeV-Gammazählrate über der Meßgutdicke (Meßgut 100 cm × 100 cm), Neutronenquelle: DT-Neutronengenerator und ^{241}Am/Be-Radionuklidneutronenquelle, Quellstärke $10^9\ s^{-1}$.
D: Durchstrahlungsgeometrie, Abstand Quelle – Meßgutoberfläche 30 cm, Abstand Quelle – Detektor 130 cm
R: Reflexionsgeometrie, Abstand Quelle – Meßgutoberfläche 30 cm, Abstand Detektor – Meßgutoberfläche 20 cm, Abstand Quelle – Detektor 30 cm (symmetrisch zur Mittelachse des Meßgutes)
C: Kohlenstoff, ϱ = 1 gcm^{-3}
CH$_2$: Polyethylen, ϱ = 1 gcm^{-3}

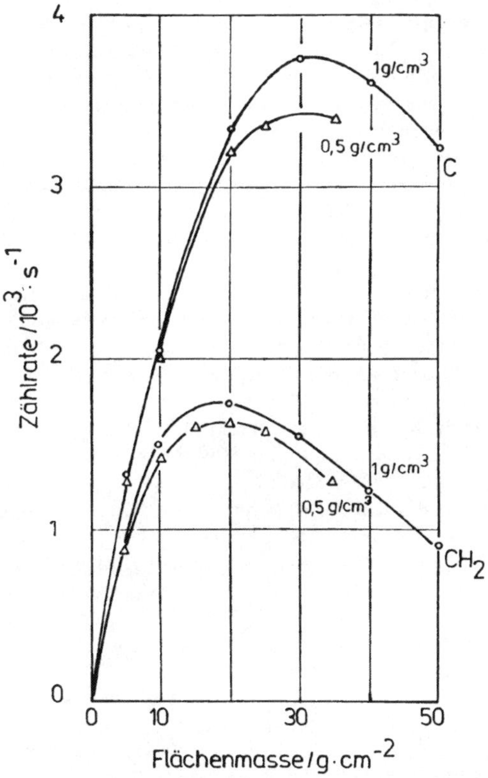

Abb. 3. 4,43-MeV-Gammazählrate über Flächenmasse des Meßgutes bei Durchstrahlungsgeometrie (Geometrie der Meßanordnung wie Abb. 2), Anregung mit 14-MeV-Neutronen, Quellstärke 10^9 s^{-1} C: Kohlenstoff, CH_2: Polyethylen, Parameter Meßgutdichte

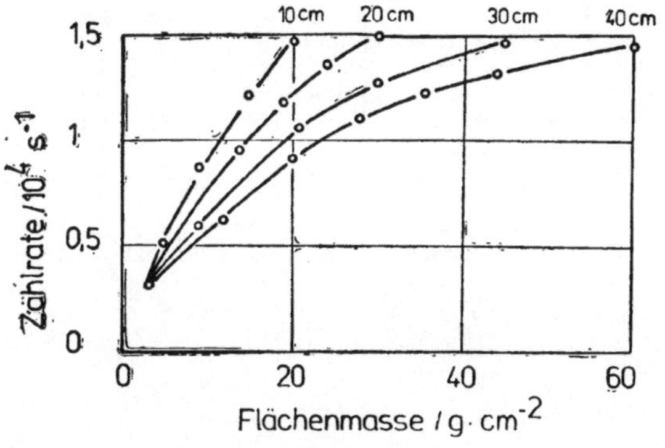

Abb. 4. 4,43-MeV-Gammazählrate über Flächenmasse des Meßgutes bei Reflexionsgeometrie (Geometrie der Meßanordnung wie Abb. 2.) Anregung mit 14-MeV-Neutronen, Quellstärke 10^9 s^{-1}, Meßgut Kohlenstoff, Parameter Meßgutdicke

sich die Flächenmasse an, die mit Hilfe einer Gamma-Durchstrahlungsmeßstrecke am Förderband gemessen werden kann. Aus dem Verlauf des Meßeffektes über der Flächenmasse folgt, daß die Geometrie des Streuvolumens einen nicht vernachlässigbaren Einfluß hat. Bei gleicher Flächenmasse ist der Meßeffekt von der Dichte bzw. der Schütthöhe abhängig. Dies gilt gleichermaßen für die Durchstrahlungsgeometrie (Abb. 3) und die Reflexionsgeometrie (Abb. 4). Damit ist es erforderlich, neben der Flächenmasse auch die Schütthöhe zu bestimmen. Eine ungleichmäßige Verteilung der Schüttdichte über der Schütthöhe führt zu Meßfehlern, die nicht korrigierbar sind.

4.3. *Einfluß der Elemente H, O und Fe auf den Meßeffekt*

Es wurde ein Meßgut mit einer Zusammensetzung von 30 M% Kohlenstoff, 10 M% Wasserstoff, 50 M% Sauerstoff und 10 M% Eisen, einem Volumen von 0,6 m × 0,6 m × 0,4 m und einer Dichte 1 gcm^{-3} für die Berechnung vorgegeben. Variiert wurden der Wasserstoffgehalt von 0 ... 10 M%, der Eisengehalt von 0 ... 10 M% und der Wassergehalt von 50 ... 60 M%. Im Rahmen der Rechengenauigkeit ergibt sich eine lineare Abnahme des Meßeffekts mit zunehmender Konzentration. Lediglich bei Eisen konnte für die Reflexionsanordnung kein Einfluß nachgewiesen werden. Die Ergebnisse sind in Tab. 2 enthalten. Es zeigt sich, daß der Einfluß des Wassergehaltes erheblich ist und im praktischen Einsatz eine Wassergehaltsmessung am Förderband unumgänglich wird.

Tab. 2. Relative Änderung des Meßeffekts der 4,43-MeV-Gammastrahlung bei 1% Änderung der Konzentration von H, O, Fe und H_2O in einem Meßgut vorgegebener Zusammensetzung (siehe Text), Anregung mit 14-MeV-Neutronen, Geometrie der Meßanordnungen siehe Tab. 1.

Element	Meßeffektänderung, %	
	Durchstrahlungsgeometrie	Reflexionsgeometrie
H	9,3	2,3
O	1,2	0,29
Fe	0,9	0,0
H_2O	2,1	0,51

4.4. *Einfluß des Förderbandes auf den Meßeffekt*

Zum Einsatz gelangen Transportbänder mit Textil- oder Stahlseileinlage. Der Fördergurt mit Textileinlage wurde durch eine 30 mm dicke Schicht mit der Zusammensetzung von 88,5 M% C, 8,3 M% H und 3,2 M% O simuliert. Für den Gurt mit Stahlseilbewehrung wurde eine 30 mm dicke Schicht mit einer Zusammensetzung von 52,2 M% C, 4,9 M% H, 1,9 M% O und 41 M% Fe der Rechnung zugrunde gelegt. Weiterhin wurde der Einfluß einer 8 mm dicken Eisenschicht untersucht. Diese Schichten wurden bei der Durchstrahlungsgeometrie zwischen Neutronenquelle und Meßgut, bei der Reflexionsgeometrie zwischen Meßanordnung und Meßgut gelegt. Die berechneten Werte zeigt Tab. 3.

Tab. 3. 4,43-MeV-Gammastrahlungszählraten bei Anregung von ^{12}C (Meßgut 60 cm × 60 cm, ϱ = 1 gcm^{-3}) mit verschiedenen Schichten zwischen Neutronenquelle und Meßgut, 14-MeV-Neutronen, Quellstärke 10^9 s^{-1}, Geometrie der Meßanordnungen siehe Tab. 1.
Schichtmaterial: Fe 8 mm, ϱ = 7,8 gcm^{-3}; Gummi 30 mm, ϱ = 1,5 gcm^{-3}; Gummi mit Fe 30 mm, ϱ = 2,2 gcm^{-3}

	Schichtmaterial	Zählrate, s^{-1}	
		vom Meßgut	von der Schicht
Durchstrahlungsgeometrie 17 cm Meßgutdicke	ohne	4438 ± 53	–
	Fe	4031 ± 56	–
	Gummi	3899 ± 58	811 ± 12
	Gummi + Fe	3741 ± 52	607 ± 8
37 cm Meßgutdicke	ohne	5182 ± 119	–
	Fe	4521 ± 108	–
	Gummi	4296 ± 107	449 ± 11
	Gummi + Fe	4261 ± 110	358 ± 9
Reflexionsgeometrie 37 cm Meßgutdicke	ohne	11782 ± 200	–
	Fe	8364 ± 167	
	Gummi	8049 ± 137	5175 ± 88
	Gummi + Fe	7385 ± 140	4023 ± 76

Bei der Reflexionsgeometrie haben die Absorption der Quellneutronen und der 4,43-MeV-Gammastrahlung im Förderband und die Erzeugung von 4,43-MeV-Gammastrahlung durch den im Gummi enthaltenen Kohlenstoff Einfluß auf den Meßwert. Gegenüber dem Meßgut ohne Förderband vermindert sich der Meßeffekt um 32%, hinzu kommt ein Anteil von maximal 40% durch den Kohlenstoffgehalt des Transportbandes.

Bei der Durchstrahlungsgeometrie beeinflussen die Absorption der Quellneutronen im Förderband, die im Gummi entstehende 4,43-MeV-Gammastrahlung und deren Absorption im Meßgut den Meßwert. Gegenüber der Messung ohne Förderband vermindert sich der Meßeffekt um 17% (Bandbeladung 37 gcm^{-2}). Der Anteil der 4,43-MeV-Gammastrahlung aus dem Band ist mit 10% erheblich geringer als bei der Reflexionsgeometrie. Praktisch werden noch Ungleichmäßigkeiten der Beschaffenheit des Förderbandes den Meßwert beeinflussen, so daß die Durchstrahlungsgeometrie günstiger sein wird.

Zwischen einem Fördergurt mit Textileinlage und einem mit Stahlseilbewehrung besteht bei der Anwendung der Meßmethode nur ein geringer Unterschied. Da die im Gummi hervorgerufene 4,43-MeV-Gammastrahlung den Meßfehler vergrößert, ist es günstig, den Kohlenstoffanteil im Transportmittel so gering wie möglich zu haben. Die Berechnungen für eine 8 mm dicke Eisenschicht zeigen, daß hierbei die Meßbedingungen günstiger sind als bei einem 30 mm dicken Gummiförderband.

5. Zusammenfassung und Schlußfolgerungen

Die Ergebnisse der Berechnung zeigen, daß für die Anregung der 4,43-MeV-Gammastrahlung des Kohlenstoffs und für hinreichend kurze Meßzeiten, wie sie die Praxis fordert, 14-MeV-Neutronen der DT-Reaktion und bei ausreichenden Quellstärken auch Radionuklidneutronenquellen geeignet sind.

Der Meßeffekt ist sowohl bei einer Durchstrahlungs- als auch einer Reflexionsmeßanordnung von der Flächenmasse und der Dichte der Bandbeladung sowie dem Wassergehalt der Kohle abhängig.

Fördergurte aus Gummi rufen durch ihren Kohlenstoffgehalt eine Erhöhung des Untergrundes hervor, gleichzeitig vermindern sie den Meßeffekt gegenüber dem freien Meßgut um 40% bei Reflexionsgeometrie und um 20% bei Durchstrahlungsgeometrie der Meßanordnung.

Für eine praktische Realisierung der Messungen am Förderband sind neben der Messung der 4,43-MeV-Gammastrahlung des Kohlenstoffs mindestens die Messung der Flächenmasse, der Schütthöhe, des Wassergehalts und der Fördergurtdicke erforderlich. Die Änderung des Meßeffektes einer Durchstrahlungsmeßstrecke an einem stahlseilbewehrtem Fördergurt beträgt in Abhängigkeit von den einzelnen Einflußgrößen bei einer Bandbeladung von 37 gcm^{-2} nach den durchgeführten Berechnungen:

2,1% je % Wassergehalt,
1,1% je % Flächenmasse des Meßgutes,
0,16% je % Schütthöhe des Meßgutes,
0,13% je % Fördergurtdicke.

Unter der Annahme, daß der Meßeffekt nach Abzug des Untergrundes mit 1% relativer Standardabweichung bestimmbar ist und die Messung der Einflußgrößen ebenfalls mit 1% zufälligem Fehler behaftet sind, ergibt sich ein Gesamtfehler von 2,54%. In der Praxis werden durch das Schüttprofil und die Dichteinhomogenitäten des Meßgutes weitere Fehler verursacht werden, so daß bei dieser Methode mit 3% Standardabweichung für den gemessenen Kohlenstoffgehalt zu rechnen ist.

Eingegangen am 17. 2. 1986

Literatur

[1] *T. C. Martin*, Int. Journ. Appl. Rad. **15** (1964) 339
[2] *B. D. Sowerby*, Nucl. Instr. and Meth. **160** (1979) 173
[3] *B. D. Sowerby*, Nucl. Instr. and Meth. **166** (1979) 571
[4] *C. L. Herzenberg*, IEEE Transaction on Nuclear Scence, Vol. NS-**26**, No. 1, 1979
[5] *C. G. Clayton*, Journ. Appl. Rad. and Isot. **34** (1983) 3
[6] *B. Heinrich*, Isotopenpraxis **19** (1983) 309
[7] *K. Gul*. Phys. Rev. C, Vol. **24** (1981) 2485
[8] *E. A. Lorch*, Journ. Appl. Rad. and Isot. **24** (1973) 585
[9] *H. Werle*, Externer Bericht INR-4/70-25 (1970) Kernforschungszentrum Karlsruhe
[10] *S. S. Kovalenko, K. A. Petrcak, K. Irmer, G. Musiol*, Isotopenpraxis **21** (1985) 344
[11] *H. J. Berger, S. M. Seltzer*, Nucl. Instr. and Meth. **104** (1972) 317
[12] ENDF-B IV, Kerndatenbibliothek, 1980 IAEA Wien

Isotopenpraxis 22 (1986) 9, S. 321 bis 324

Entwicklung eines Reaktors für Flüssigphasenreaktionen auf der Grundlage von Verweilzeitmessungen mit Hilfe von Tracermethoden

W. Pippel, H. J. Oelmann

(Technische Universität Dresden, Sektion Chemie, Wissenschaftsbereich Technische Chemie)[1])

M. Klötzer

(VEB Synthesewerk Schwarzheide — Kombinat SYS)[2])

Frau Prof. Dr.-Ing. habil. Dr. h. c. *Lieselott Herforth* zum 70. Geburtstag gewidmet

Es wird ein Rohrreaktor mit Einbauten vorgestellt, der für flüssige Phasen ein nahezu ideales Verweilzeitverhalten aufweist. Mit Hilfe von Traceruntersuchungen an Labor-, Technikums- und Großversuchsanlagen wurde ein mathematisches Verweilzeitmodell ermittelt.

A chemical reactor is presented nearly ideal suited for liquid-phase reactions derived from residence time measurements. A mathematical model is developed for this reactor based on tracer experiments at laboratory scale and experimental plants.

Keywords

chemical industry; flow models; industrial plants; mathematical models; simulation

1. Zur Problemstellung

Als Leiter einer Arbeitsgruppe am ehemaligen Institut für Anwendung radioaktiver Isotope der Technischen Universität Dresden hatte der erstgenannte Autor eine Vielzahl Verweilzeitmessungen mittels radioaktiver Nuklide in kontinuierlich betriebenen Reaktoren der chemischen Industrie durchgeführt. Als Beispiele seien genannt: Untersuchungen an Anlagen zur Verlösung von Kalisalzen, Wirbelschicht- und Drehrohrapparaten für Trocknungsprozesse, kontinuierlich betriebenen Mischern; eine größere Zahl systematisch geplanter Verweilzeitmessungen, bei denen auch verschiedene Tracersysteme und -methoden, einschließlich der nachträglichen Aktivierung im Kernreaktor zum Einsatz gelangten, wurden in verschiedenen Konstruktionsvarianten von Reaktoren zur kontinuierlichen Polyamidherstellung aus Caprolactam durchgeführt.

Durch Auswertung dieser Tracer-Versuche und den damit verbundenen Problemdiskussionen mit Fachkollegen der chemischen Industrie wurde folgendes deutlich:

— Beim Übergang zur kontinuierlichen Reaktionsführung ist es in vielen Fällen erstrebenswert, die Strömungsform der Reaktionsmasse einer idealen Pfropfenströmung weitgehend anzunähern.
— Bei flüssigen Medien ist es schwierig, einer Pfropfenströmung nahezukommen. Da häufig Reaktionszeiten zwischen 15 Minuten und mehreren Stunden notwendig sind, wären sehr lange Reaktionsrohre erforderlich, um die für eine enge Verweilzeitverteilung notwendige Turbulenz durch hohe Strömungsgeschwindigkeit zu erreichen. Bei viskosen Medien ist diese turbulente Strömung in der Praxis kaum realisierbar.
— Die häufig festgestellte Schweifbildung in der Verweilzeitverteilung (Tailing) kann auf die Produktqualität sehr ungünstigen Einfluß haben. Durch die wesentlich längeren Reaktionszeiten in einzelnen Volumenelementen können unerwünschte Folgereaktionen oder thermische Schädigungen auftreten.
— Häufig ist es notwendig, neben der engen Verweilzeitverteilung auch einen guten Wärmeaustausch über die Reaktorwand zu gewährleisten, um ein bestimmtes Temperaturregime einhalten zu können.

An einen kontinuierlich betriebenen Reaktor für Flüssigphasenreaktionen, in dem die Pfropfenströmung möglichst gut angenähert werden soll und der effektiver als bekannte Reaktoren arbeiten soll, sind daher folgende Forderungen zu stellen:

1. auch im Bereich laminarer Strömung Erreichung einer engen Verweilzeitverteilung,
2. weitgehende Verhinderung einer Schweifbildung in der Verweilzeitverteilung,
3. guter innerer Wärmeübergang zwischen Reaktionsmasse und Reaktorwand.

Es wurden daher Überlegungen angestellt, in welcher Weise dynamische Einbauelemente in Rohrreaktoren einzeln oder in kombinierter Form wirken könnten, um die genannten Forderungen an ein ideales Verweilzeitspektrum zu erfüllen.

Obwohl diese Aufgabe eine typische verfahrenstechnische Zielstellung darstellt, soll über deren Lösung in dieser Zeitschrift berichtet werden, wurde doch der Grundgedanke aus der systematischen Anwendung radioaktiver Nuklide zur Ermittlung des Verweilzeitverhaltens kontinuierlich betriebener Flüssigphasenreaktionen der chemischen Industrie gewonnen. Der hieraus abgeleitete Lösungsvorschlag ist der Wendelband-Drehscheiben-Reaktor, dessen

[1]) Anschrift: DDR-8027 Dresden, Mommsenstr. 13
[2]) Anschrift: DDR-7817 Schwarzheide

konstruktive Ausführung und Wirkungsweise anderweitig vorgestellt wurden [1, 2].

In diesem Beitrag sollen in Ergänzung der bereits publizierten Resultate die Möglichkeiten dargelegt werden, die sich aus der Anwendung von Markierungsverfahren im Hinblick auf die Ableitung mathematischer Verweilzeitmodelle und deren Überprüfung in Labor-, Technikums- bis hin zu Produktionsanlagen ergeben.

2. Beschreibung und Wirkungsweise (Verweilzeitverhalten) des Reaktors

Der rohrförmige Reaktor (Abb. 1) ist von einem in Segmente unterteilten Temperiermantel umgeben. Im Inneren befinden sich die unabhängig voneinander drehbaren Einbauten Wendelband und Drehscheibenwelle. Das wandnahe, langsam rotierende Wendelband hat beim Betrieb des Reaktors die Aufgabe, die im Vergleich zur mittleren Strömungsgeschwindigkeit langsameren Randschichten zu beschleunigen. Dadurch müssen zwangsläufig die schnelleren Schichten in der Rohrmitte an Geschwindigkeit verlieren, da durch das Wendelband die mittlere Strömungsgeschwindigkeit im Reaktor nicht verändert wird. Die Folge ist ein einheitlicheres Geschwindigkeitsprofil über dem Rohrquerschnitt und eine enge Verweilzeitverteilung. Die Drehrichtung des Wendelbandes ist so zu wählen, daß eine „Förderung" in Strömungsrichtung erfolgt. Die zentrisch gelagerte Drehscheibenwelle sorgt durch ihre im Vergleich zum Wendelband wesentlich höhere Drehzahl für eine gute radiale Durchmischung, was für den inneren Wärmeübergang oder für die Aufrechterhaltung von Dispersionen günstig ist.

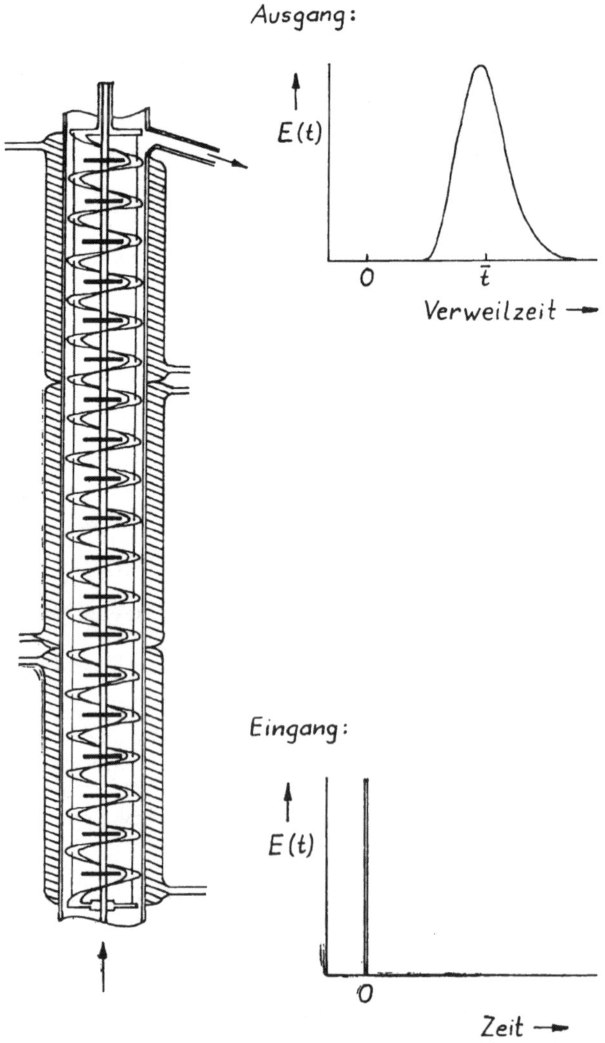

Abb. 1. Verweilzeitmessung im Wendelband-Drehscheiben-Reaktor

3. Zur Durchführung der Traceruntersuchungen

In zwei geometrisch unterschiedlichen Modellreaktoren wurden zunächst im Technikumsmaßstab Verweilzeitmessungen bei verschiedenen Betriebsbedingungen (Strömungsgeschwindigkeit, Drehzahlen der Einbauten) und Stoffwerten (Viskosität der Flüssigkeit) durchgeführt. Im Stadium der Arbeiten mit Modellflüssigkeiten erfolgten die Verweilzeitmessungen durch Farbstoffimpulsmarkierung. Dadurch konnten im Falle des einen Reaktors mit Glasmantel auch visuelle Beobachtungen über den Durchlauf der Markierung vorgenommen werden. Als die Ergebnisse den Erwartungen nahekamen und der Ablauf industriell wichtiger Flüssigphasenreaktionen im Reaktor zu untersuchen war, wurden die Verweilzeitmessungen mit radioaktiven Nukliden vorgenommen.

Gearbeitet wurde mit dem Nuklid ^{99m}Tc als Pertechnetat, das aus dem handelsüblichen Technetiumgenerator eluiert wurde. Die wäßrige Lösung mußte zunächst eingedampft und der Rückstand mit dem bei der Reaktion eingesetzten, nahezu wasserfreien Lösungsmittel Ethylglykolacetat aufgenommen werden. Etwa 20 – 30% der Ausgangsaktivität der wäßrigen Technetiumlösung konnten in die organische Phase übertragen werden.

Das so markierte Lösungsmittel wurde am Eingang des Reaktors in Form eines Impulses aufgegeben, am Ausgang des Reaktors wurde die Impulsrate über der Zeit registriert. Die gemessenen Kurven wurden korrigiert, normiert und nach dem Zellenmodell ausgewertet [3, 4]. Der Parameter des Zellenmodells, die Anzahl hintereinandergeschalteter, gleichgroßer, ideal durchmischter Mischzellen $n_{\text{äqu}}$, wurde durch ein Optimierungsprogramm ermittelt.

4. Zur Auswertung der Traceruntersuchungen (Verweilzeitmodelle)

Auf diese Weise wurde das Verweilzeitverhalten des Wendelband-Drehscheiben-Reaktors in Abhängigkeit von seinen Betriebsbedingungen durch verschiedene Mischzellenzahlen $n_{\text{äqu}}$ dargestellt (Abb. 2, Zellenmodell). Die Strömungsgeschwindigkeit der Flüssigkeit lag dabei stets so niedrig, daß die axiale *Reynolds*-Zahl laminare Strömungsverhältnisse auswies. Es wurden für $n_{\text{äqu}}$ Werte zwischen 10 und 25 erhalten.

Um die erhaltenen Ergebnisse hinsichtlich der Annäherung an die Pfropfenströmung mit Literaturangaben bekannter Rohrreaktoren vergleichen zu können, mußte aus der extensiven Größe $n_{\text{äqu}}$ ein Intensitätsparameter gewonnen werden, der beim Zellenmodell nicht gebräuchlich ist. Deshalb wurde $n_{\text{äqu}}$ näherungsweise in die aus dem stetigen Diffusionsmodell abgeleitete modifizierte *Peclet*-Zahl Pe' umgerechnet:

$$Pe' \approx \frac{2d}{l} n_{\text{äqu}} \quad (\text{anwendbar für } n_{\text{äqu}} > 4)$$

Es zeigte sich, daß der Wendelband-Drehscheiben-Reaktor bei richtig gewählten Betriebsbedingungen hinsichtlich

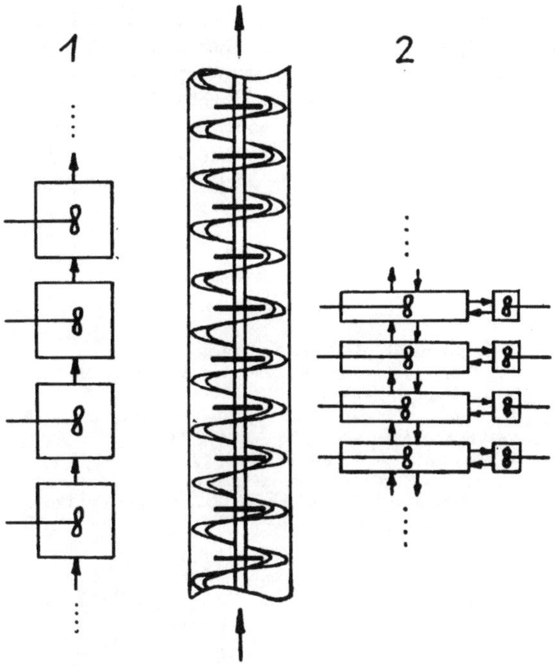

Abb. 2. Modelle zur Auswertung der Verweilzeitspektren
1 Zellenmodell
2 Zellenmodell mit Rück- und Seitenströmen

der Annäherung an die Pfropfenströmung nachweisliche Vorteile gegenüber bekannten Lösungen hat.

Insbesondere die in vielen Apparaten auftretende Schweifbildung in der Verweilzeitverteilung, die fälschlicherweise bei der Auswertung von Meßergebnissen häufig nicht beachtet wird, kann durch die Wirkung des Wendelbandes stark reduziert werden. Es wurde festgestellt, daß das Wendelband dann die richtige Drehzahl hat, wenn sie etwas größer ist als es dem Quotienten aus mittlerer linearer Strömungsgeschwindigkeit $\bar{u}$ und Gangweite des Wendelbandes λ entspricht:

$$n_W = 1 \dots 1{,}4 \frac{\bar{u}}{\lambda}$$

Es stellte sich heraus, daß die erreichbaren Pe'-Zahlen außerdem von der Drehzahl der Drehscheibenwelle abhängig sind. Es ist eine bekannte Tatsache, daß mit wachsender Drehzahl einer Drehscheibenwelle sowohl die radiale Durchmischung (günstig für den Wärmeübergang zur Rohrwand) als auch die unerwünschte axiale Durchmischung ansteigen. Das wurde auch im Wendelband-Drehscheiben-Reaktor gefunden. Die Pe'-Zahlen liegen jedoch deutlich über den in üblichen Drehscheibenkolonnen gemessenen. Die in den zwei Modellreaktoren erhaltenen Ergebnisse mußten dimensionslos dargestellt werden, um eine Übertragung auf Apparate größerer Abmessungen zu ermöglichen. Konkret stand diese Aufgabe für den Reaktor in einer Großversuchs- bzw. Produktionsanlage, dessen Volumen im Vergleich zu den Technikumsapparaten 60fach größer war. Dazu wurden zwei Modelle erarbeitet.

Im ersten, einfachen Modell wurden die Pe'-Zahlen mit bekannten dimensionslosen Kennzahlen und einigen Geometrieparametern des Reaktors verknüpft:

$$Pe' = 3{,}8 \cdot 10^4 \frac{L}{d} Re_{ax} \left(Re_{rad} \frac{L}{h_z} \frac{d}{d_{Sch}} \right)^{-1{,}3}$$

Dieses Modell ist leicht handhabbar. Es enthält jedoch keinen Parameter für die Wendeldrehzahl und gilt nur für eine Wendeldrehzahl von 3 min^{-1}.

Das zweite Modell berücksichtigt Beobachtungen beim Durchlauf eines Farbstoffimpulses durch den Reaktor und baut auf einer Modellvorstellung bei Drehscheibenkolonnen von *Bruin* [5] auf (Abb. 2, Zellenmodell mit Rück- und Seitenströmen). Dabei wird die Umgebung jeder Drehscheibe als Hauptmischzelle angesehen und der Reaktor in Segmente unterteilt. Diese Hauptmischzellen erfassen jedoch nicht das gesamte Volumen der Reaktorsegmente. Der verbleibende Tot-, Seiten- oder Nebenraum im Reaktorsegment wird auch als ideal durchmischt angenommen und steht im Stoffaustausch mit der Hauptzelle. Zwischen den Hauptzellen gibt es ebenfalls einen Stoffaustausch. Dabei ist der Zustrom zur Zelle um den Summanden $\dot{v}$ größer als der Rückstrom, da der Reaktor mit einem Volumenstrom $\dot{v}$ durchflossen wird. Dieses Modell enthält die praktisch nicht meßbaren Modellparameter Rückstromrate, Seitenstromrate und Volumenanteil der Seitenräume. Es wurde versucht, diese Parameter durch dimensionslose Kennzahlen und Geometrieparameter zu substituieren. Im Ergebnis erhielt man einen Ausdruck der Form

$$Pe' = f\left(Re_{ax}, Re_{rad}, Re_w, \frac{h_z}{d}, \frac{d_{Sch}}{d}, \frac{b}{d} \right).$$

5. Vorausberechnung der Großversuchsanlage

Mit beiden Modellen wurde die Verweilzeitverteilung im Reaktor der Großversuchsanlage für die verschiedenen Betriebsbedingungen vorausberechnet. In Abb. 3 wurde als Beispiel die Abhängigkeit der zu erwartenden Mischzellenzahl $n_{äqu}$ von der Drehzahl der Drehscheibenwelle dargestellt. Zum Vergleich wurden die beim Probebetrieb der Anlage durch Verweilzeitmessungen tatsächlich ermittelten $n_{äqu}$-Werte eingetragen.

Folgende Bedingungen lagen den Messungen und Berechnungen zugrunde:

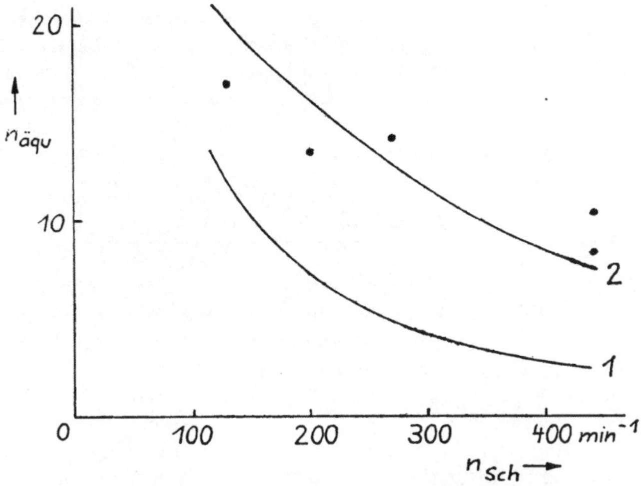

Abb. 3. Abhängigkeit der Mischzellenzahl von der Drehzahl der Drehscheibenwelle in einer Großversuchsanlage
1 Modell 1
2 Modell 2
Beide Kurven wurden vorausberechnet nach Ergebnissen in Modellreaktoren
● Experimentelle Punkte in der Großversuchsanlage

Geometrieparameter	Betriebsparameter	Stoffwerte
$\frac{L}{d} = 17$	$\bar{u} = 4{,}7$ m/h	$\eta = 1$ mPas bei 20 °C
$\frac{d_{Sch}}{d} = 0{,}5$	$\tau = 40$ min	$\varrho = 980$ kg/m³
$\frac{h_z}{d} = 0{,}5$	$n_W = 2\ \text{min}^{-1}$	
$\frac{\lambda}{d} = 0{,}35$	Drehrichtung Wendel	
$\frac{b}{d} = 0{,}17$	und Drehscheibenwelle entgegengesetzt	

Aus Abb. 3 ist zu erkennen, daß beim zweiten Modell die Übereinstimmung zwischen Messung und Berechnung auch bei dieser Maßstabsübertragung überraschend gut ist. Die $n_{äqu}$-Werte von rund 15 bei bereits guter radialer Durchmischung durch die Drehscheiben zeigen, daß im Reaktor tatsächlich eine näherungsweise Pfropfenströmung herrscht. Zum Vergleich berechnete Mischzellenzahlen bei Drehscheibenkolonnen mit Stator (nach dem Modell von *Stemerding* [6]) liegen ca. 40% niedriger als die gemessenen $n_{äqu}$-Werte im Reaktor der Großversuchsanlage.

Eingegangen am 10. 3. 1986

Literatur

[1] DDR-Patent 157954, Kl. 8 01 J 19/22
[2] *W. Pippel, S. Löschau, H. Oelmann, R. Kaiser, M. Klötzer*, Chem. Techn. **35** (1983) 574
[3] *W. Pippel*, Verweilzeitanalyse in technologischen Strömungssystemen. Berlin: Akademie-Verlag 1978
[4] *W. Pippel*, Chem. Techn. **17** (1965) 729
[5] *Bruin*, Trans. Instrm. Chem. Engrs. **51** (1973) 355
[6] *I. S. Stemerding, E. C. Lume, J. Lips*, Chem.-Ing.-Tech. **35** (1963) 844

Isotopenpraxis **22** (1986) 9, S. 324 bis 327

30 Jahre Praktikum der angewandten Radioaktivität

H. Koch, K. Bergmann

(Akademie der Wissenschaften der DDR, Zentralinstitut für Isotopen- und Strahlenforschung)[1])

Frau Prof. Dr.-Ing. habil. Dr. h. c. *Lieselott Herforth* zum 70. Geburtstag gewidmet

Die Ausbildung von Radiophysikern und -chemikern war im Jahre 1956 eine wichtige Voraussetzung für die Einrichtung von Forschungsinstituten und Isotopenlabors auf dem Gebiet der Kern- und Isotopenforschung. Im damaligen Institut für angewandte Radioaktivität wurde im Sommer 1956 das erste Isotopenpraktikum der DDR, das radiophysikalische und radiochemische Versuche in ausgewogener Form enthielt, unter der Leitung von Frau Prof. Dr. habil. Lieselott Herforth eröffnet. Dieses Praktikum war in erster Linie für die postgraduale Ausbildung von Physikern und Chemikern aus Forschung und Industrie aber auch für die graduale Ausbildung an den benachbarten Hochschulen vorgesehen.

The foundation of institutes and laboratories in the field of nuclear and isotope research in 1956 in the GDR was connected with the need of specialists. We started, therefore, the first training course on applied radioactivity in 1956 at the Institute of Applied Radioactivity Leipzig at that time. During such a course we guided 14 experiments in radiochemistry and 9 experiments in radiophysics. The head of the department of education was Prof. Dr. habil. Lieselott Herforth. Up to this day, more than 5000 scientists have took part in our training courses.

Keywords

chemical analysis; chemistry; education; exploration; ionization; isotopes; lectures; monitoring; nuclei; physical radiation effects; radiation detectors; radiation protection; radioactivity; treaties; X-ray detection

Als im Jahre 1955 der Beschluß gefaßt wurde, Forschungsstätten für die Kern-, Isotopen- und Strahlenforschung aufzubauen, gab es — außer einigen aus der Sowjetunion heimkehrenden Spezialisten — in der DDR keine Erfahrungsträger auf diesen Gebieten. In Leipzig wurde mit Wirkung vom 1. 1. 1956 das Institut für angewandte Radioaktivität gegründet und Prof. *C. F. Weiss* als dessen Direktor berufen. Damals gab es auf diesem Spezialgebiet weder Lehrbücher noch ausgebildete Mitarbeiter. Es fehlten alle kernphysikalischen Meßgeräte ebenso wie geeignete Laboratorien, Laboratoriumseinrichtungen und die notwendigen Strahlenschutzeinrichtungen. So sah sich das kleine Aufbau- und Leitungskollektiv einer Vielzahl von Aufgaben gegenüber, die gleichzeitig in Angriff genommen werden mußten. Dazu gehörten:

- Ausbildung der Mitarbeiter im Umgang mit offenen und geschlossenen Strahlenquellen
- Schaffung der erforderlichen theoretischen Grundlagen auf dem Gebiet der angewandten Radioaktivität
- Eigenbau von kernphysikalischen Meßgeräten
- Beginn der Forschungsarbeiten in behelfsmäßig eingerichteten Labors des Instituts für organisch-chemische Industrie (heute: Institut für Biotechnologie)

[1]) Anschrift: DDR-7050 Leipzig, Permoserstr. 15

– Planung und Aufbau eines neuen Institutsgebäudes, in dem sehr geringe Aktivitäten $\leqq 1$ Bq neben sehr hohen $> 10^{12}$ Bq verarbeitet und – ohne gegenseitige Störung – relativ oder absolut gemessen werden konnten.

Trotz dieser hohen Anfangsschwierigkeiten konnte breits nach wenigen Monaten, im Sommer 1956, das radiophysikalische und radiochemische Grundpraktikum in behelfsmäßig ausgebauten Kellerräumen des Instituts für organisch-chemische Industrie unter der Leitung von Frau Prof. *Herforth* eröffnet werden. Bereits im Mai 1957 erschienen im Verlag der Wissenschaften Berlin die Arbeitsanleitungen (≈ 20 radiophysikalische und 20 radiochemische Versuche) in Buchform.

1959 siedelte das „Praktikum" in die Räume des neuen Institutsgebäudes um, in denen es sich gegenwärtig noch befindet. Damals gehörten zu den Assistenten (Doktoranden) die heutigen Professoren *Felz* (Jena), *Röhnsch* (Berlin), *Leistner* (Zittau), *Baumbach* (Leipzig), *Stolz* (Freiberg) u. a.

1959 erschien auch *Herforth/Koch* „Radiophysikalisches und radiochemisches Grundpraktikum" auf dem internationalen Büchermarkt, das bisher neun Auflagen bzw. Nachauflagen aufweist und nach wie vor Grundlage der „Isotopenlehrgänge" ist.

Damit ist auch das Grundanliegen der Leipziger Lehrgänge skizziert: Vermittlung der wissenschaftlichen Grundlagen auf dem Gebiet der Radioaktivität. Dazu gehören u. a. Radiophysik, Radiochemie, nukleare Analysenverfahren, wissenschaftlich-technische Isotopenanwendung und der notwendige Strahlenschutz.

Die wichtigsten Ausbildungskategorien

In den Jahren zwischen 1956 und 1985 wurden folgende Lehrgänge durchgeführt:

1) Vierwöchige Isotopenlehrgänge (3- bis 4mal pro Jahr) Postgraduale Ausbildung von wissenschaftlichen Kadern aus der Industrie und anderen Forschungseinrichtungen
   Die Urkunde gilt als staatlich anerkannte Qualifikation zur Arbeit mit offenen und geschlossenen Strahlenquellen für verantwortliche Mitarbeiter (Bestätigung erfolgt heute durch das SAAS)
2) Praktika für Studenten unterschiedlicher Art und Dauer
   - Karl-Marx-Universität Leipzig
     Fachrichtungen:
     - Diplom-Physiker
     - Physik/Mathematik, Mathematik/Physik } Lehramt
     - Verfahrenschemie
     - Biochemie
   - Technische Hochschule für Chemie, Leuna – Merseburg
     Fachrichtungen:
     - Diplom-Chemiker, Stoffwirtschaft
     - Diplom-Chemiker, Analytik
3) Lehrgänge für Strahlenschutzbeauftragte im Auftrag und in Kooperation mit der SZS bzw. dem SAAS (1964–1969)
4) Sonderlehrgänge für:
   - Offiziere der NVA
   - Angehörige des MdI
   - Mitarbeiter des Luftschutzes und der Zivilverteidigung
5) Sonstige Ausbildungsaufgaben:
   - außerplanmäßige Qualifizierung und Schulung von Mitarbeitern des Forschungskomplexes Leipzig der AdW
   - Spezialausbildung für Physik- und Chemielaboranten
   - Experimentalzirkel und wissenschaftlich-praktische Arbeit für Oberschüler
   - Schulung von Angehörigen der VP, Feuerwehr und anderen Einrichtungen.

In der Abb. 1 sind die Verflechtungsbeziehungen des Praktikums mit den Einrichtungen der DDR schematisch dargestellt, aus denen die überwiegende Anzahl der Kursusteilnehmer gekommen sind.

Inhaltliche Gestaltung der Lehrgänge

Obwohl sich für die einzelnen Isotopenpraktika bestimmte Versuchsprogramme bewährt haben und den Wünschen der Teilnehmer bzw. den Ausbildungsprogrammen der Studenten recht gut entsprechen, ist das Programm flexibel

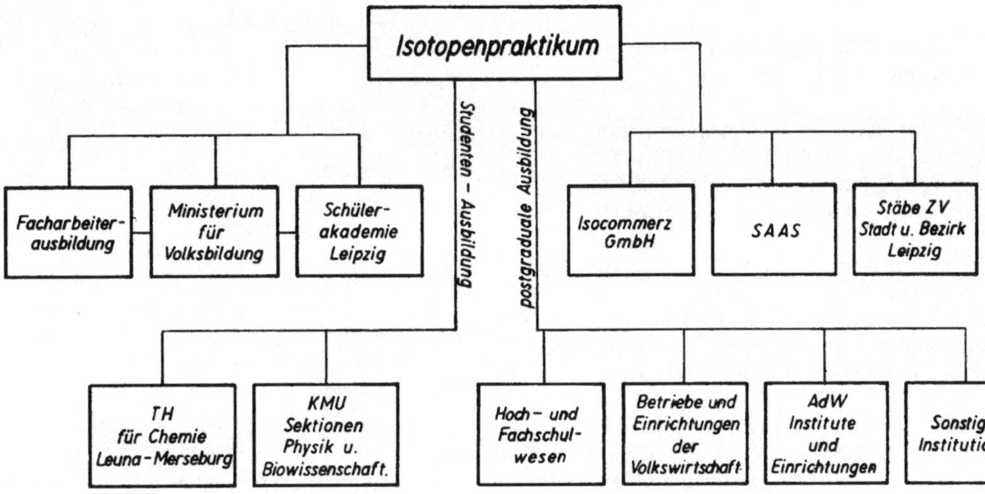

Abb. 1. Verflechtungsbeziehungen des Isotopenpraktikums

und kann speziellen Wünschen jederzeit angepaßt, erweitert oder verkürzt werden. Insgesamt stehen für die einzelnen Kurse mehr als 150 ausgearbeitete Versuche zur Auswahl. Thematische Schwerpunkte sind dabei:

- Aktivitätsmessung und Strahlungsdetektoren
- Wechselwirkung zwischen Kernstrahlung und Stoffen
- Strahlenschutz und Dosimetrie
- Anwendung der Radionuklide in der Industrie
  - radiometrische Verfahren
  - Indikatormethoden
- Trennung und Anreicherung von Radionukliden
- Radiochemische Analyse
  - Verdünnungsverfahren
  - Radioreagenzverfahren
- Isotopenaustausch (homogen, heterogen)
- Spezielle Indikatormethoden (Löslichkeits-, Adsorptions-, Oberflächenbestimmungen, Erfassung von Dissoziations- und Stabilitätskonstanten etc.)
- Autoradiographie mit halogensilberhaltigen Filmen und Festkörperspurdetektoren
- Anwendung von Kohlenstoff-14 und Tritium in der organischen Forschung und Analyse
- Spezielle Meßtechniken zum empfindlichen Nachweis von ^{14}C und ^{3}H.

Im Folgenden sind drei bewährte Versuchsprogramme zusammengestellt.

1) *vierwöchiger postgradualer Isotopenkurs*

Das Versuchsprogramm umfaßt:

3 grundlegende Vorträge für alle Teilnehmer (Aufgaben des Instituts, Isotopenanwendung in der Volkswirtschaft, Umgang mit offenen und geschlossenen Strahlenquellen — Dosimetrie —)
15 Experimente zur Radiochemie
8 Experimente zur Radiophysik
Vor jedem Versuch wird eine ausführliche Anleitung ($\approx$1 Std.) über die theoretischen Grundlagen und die spezielle Versuchsdurchführung von den Assistenten gegeben.
Versuchsprogramm:

- Statistik der Impulszählung
- Grundmessungen mit dem Geiger-Müller-Zählrohr (Totzeit, β-, γ-Messungen, Geometriefaktor, Rückstreuung, Reichweite)
- Grundmessungen mit dem Szintillationszähler (α-, β-, γ-Charakteristiken, Rauscheffekt, Aufnahme von Energiespektren, Bestimmung des Auflösungsvermögens)
- Aktivitätsmessungen mit Halbleiterdetektoren (pn-, pin-Oberflächensperrschicht-Detektoren)
- γ-Radiographie
- Nutzanwendung von β-Strahlen (Dickenmessung, Gehaltsbestimmungen)
- Nutzanwendung von γ-Strahlen (Rückstreudickenmessung, Füllstandsmessungen, Flächenmassebestimmungen)
- Dosimetrie (Filmdosimetrie, Abschirmfaktoren, Dosisleistungsmessungen)
- Trennung von Radionuklidgemischen (Mitfällung, Adsorption, Solvent-Extraktion, Ionenaustauschchromatographie, Papier-, Dünnschichtchromatographie)
- Elektrochemische Nuklidtrennung (Gegenstromelektrolyse, Elektrophorese)
- Szillard-Chalmers-Trennung (Iod-128-Ethyliodid)
- Bromisomerentrennung nach Neutronenaktivierung
- Nuklidtrennung nach der Ringofenmethode
- Neutronenaktivierungsanalyse
- Isotopenverdünnungsanalyse mit Substöchiometrie
- Radiometrische Titration
- Löslichkeitsbestimmungen (Magnesiumammoniumphosphat)
- Radiometrische Kaliumbestimmung
- Homogener Isotopenaustausch (Ethyliodid — Natriumiodid)
- Bestimmung der Selbstabsorptionskoeffizienten in festem und flüssigem Meßgut
- Aktivitätsmessung von ^{14}C- und ^{3}H-haltigen Verbindungen (Gasionisationskammern, Flüssigkeitsszintillationsspektrometer)
- Bestimmung der lateralen Aktivitätsverteilung durch Autoradiographie (P-Verteilung in Halbleitersilicium und Pflanzen, Uraniumerzen, B in Silicium)
- Kontaminations/Dekontaminations-Versuche

2) *Radiochemisches Praktikum für das Fachstudium Biochemie der KMU (3. Studienjahr)*
Insgesamt 12 bis 14 Versuche zur Radiochemie (+ physikalische Grundlagen)
Versuchsprogramm:

- Statistik der Impulszählung
- Grundmessungen mit dem Geiger-Müller-Zählrohr
- Grundmessungen mit dem Szintillationszähler
- Abschirmung und Strahlendosimetrie
- Absorption, Selbstabsorption, Streuung, Rückstreuung von Kernstrahlung
- ^{137}Ba-^{137}Cs-Trennung durch Sorption
- Uranium-Thorium-234-Trennung durch Solventextraktion und Isotopenaustausch
- Silberschnellanalyse durch Neutronenaktivierung
- Phosphatbestimmung nach dem Isotopenverdünnungsprinzip
- Radiometrische Volumenbestimmung
- Homogener I-Isotopenaustausch
- Radioimmunoassay (RIA)
- Herabsetzung der Adsorptionsverluste trägerarmer Radionuklide durch Hydrophobierung der Arbeitsgeräte
- Kontaminations/Dekontaminations-Kontrolle

3) *Fortgeschrittenen-Praktikum für Studenten der Sektion Physik der KMU*
Insgesamt 7 bis 10 Versuche zur angewandten Radioaktivität
Das Praktikum enthält 8 Aufgabenkomplexe mit je bis zu 10 Experimenten. Die Studenten haben die Möglichkeit, nach Interesse, zukünftigen Einsatzgebieten etc. einen Aufgabenkomplex auszuwählen.
Die Aufgabenkomplexe sind:

- Aktivitätsmessungen
- γ-Energiebestimmungen
- γ-Szintillationsspektrometrie
- γ-Strahlenschwächung und γ-Dosimetrie
- Durchstrahlungsmessungen mit γ-Strahlung
- α, β-Energie- und Reichweitebestimmungen
- Gehaltsbestimmungen, Dicken- und Dichtemessungen mittels β-Strahlung
- Aktivierungsanalyse

Damit ist es — neben den verschiedenen Formen der „Grundausbildung" — auch möglich, vertiefte Spezialausbildungen für sehr enge Teilgebiete der angewandten Radioaktivität durchzuführen.

Tab. 1. Übersicht über die Teilnehmer an den Isotopenlehrgängen nach Art der Praktika, Qualifikation und delegierenden Einrichtungen geordnet

Art der Lehrgänge	Teilnehmer-zahl	darunter			aus Einrichtungen			
		HK	FK	Sonst.	Hochschul-wesen	AdW	Indu-strie	sonstige Insti-tutionen
Postgradualer 4-Wochen-Kurs mit amtlichem Befähigungsnachweis	1238	858	257	123	290	323	342	283
Graduale Studentenausbildung + freiwillige Zusatzausbildung für amtlichen Befähigungsnachweis	487	487	–	–	487	–	–	–
Studentenpraktika	2619	2619	–	–	2619	–	–	–
Lehrgang für Strahlenschutz-beauftragte	203	172	28	3	38	60	102	3
Sonderlehrgänge NVA	70				–	–	–	70
Sonderlehrgänge ZV	72				–	–	–	72
Gesamt-Teilnehmerzahl	4689	4136	285	126	3434	383	444	428

Teilnehmerstatistik

In der Tab. 1 sind die Teilnehmerzahlen der von 1956 bis 1985 veranstalteten Praktika zusammengestellt. Daraus geht hervor, daß 1716 Personen den Qualifikationsnachweis für verantwortliche Mitarbeiter erworben haben. Dazu kommen noch $\approx$300 Biochemiker, die (durch Vorlesungen, Seminare und Prüfungen ergänzt) die berufliche Qualifikation für den Umgang mit offenen und geschlossenen Quellen ionisierender Strahlung erhalten haben. Die hohe Anzahl der Teilnehmer aus dem Hochschulwesen ist nicht real, da alle Studenten, die ja zum größten Teil die Hochschulen wieder verlassen und in andere Einrichtungen gehen, zu diesem Bereich gerechnet wurden. Die Anzahl der auszubildenden Studenten hängt von der Personenstärke der Studienjahre und von den Studienplänen ab. Sie beträgt im Jahresdurchschnitt $\approx$90, kann aber zwischen 50 und 130 schwanken. Die Lehrgänge für Strahlenschutzbeauftragte werden seit 1969 von dem SAAS in eigener Regie durchgeführt.

Zusammenfassung

Im Isotopenpraktikum der AdW in Leipzig erhielten seit 1956 – wenn man die Leistungen für die Volksbildung einbezieht – rund 5000 Personen eine Zusatzausbildung auf dem Gebiet der angewandten Radioaktivität. Etwa die Hälfte (2500) davon wurde in den ersten zehn Jahren (1956–1966) ausgebildet. In den folgenden Jahren sank die Teilnehmerzahl auf $\approx$50%, d. h. 125 pro Jahr ab. Das hat seine Ursachen darin, daß anfangs ein Nachholebedarf bestand und inzwischen an Hochschulen und anderen Einrichtungen einschlägige Praktika bzw. Spezialausbildungen durchgeführt werden.

Obwohl allein in Leipzig mehr Isotopenspezialisten ausgebildet wurden, als die Praxis erfordert, sind alle ausgeschriebenen Kurse weiterhin voll besetzt. Das liegt sicherlich an dem großen Interesse, daß diesem neuen Arbeitsgebiet entgegengebracht wird, und an der Tatsache, daß die Isotopen- und Strahlenforschung heute zum Grundwissen jedes Naturwissenschaftlers gehört. Natürlich sind auch wir bemüht, die Kurse ständig durch Einführung neuer Methoden, wie z. B. die Halbleiterspektrometrie, die neutroneninduzierte Autoradiographie, die Röntgenfluoreszenzanalyse mit Radionuklidanregung, usw., zu qualifizieren und zu aktualisieren. Vieles, was heute geschieht, trägt noch den Stempel der Begründerin der Abteilung Ausbildung am damaligen Institut für angewandte Radioaktivität, Frau Prof. Dr. *Lieselott Herforth*. Hier zeigt sich, daß sich Engagement und die viele Arbeit gelohnt haben und nach 30 Jahren immer noch wertvolle Früchte tragen.
Dafür unser aller Dank!

Eingegangen am 19. 2. 1986

Isotopenpraxis 22 (1986) 9, S. 328 bis 330

Die Auflösung von Legierungszuschlägen in der Pfanne*)

B. Lonský, J. Hons

Výzkumný ústav hutnictví železa (Forschungsinstitut für Eisenhüttenwesen)[1])

Die vollständige Auflösung von Legierungszusätzen und deren homogene Verteilung im Stahl wurde mittels unterschiedlicher Radiotracer untersucht. Die verwendeten Legierungskörper aus FeCr, FeMn, SiMn und FeTi wurden punktförmig markiert und gleichzeitig der Stahlschmelze zugesetzt. Die Entnahme der Stahlproben erfolgte mit einer speziellen Sonde. Durch die gammaspektrometrische Auswertung der Proben mittels eines Vielkanalanalysators vom Typ TRACOR TN 4500 konnte die Elementverteilung im Stahl ermittelt werden.

Various radiotracers were used to investigate the dissolution of alloying additions and their distribution in steel. The alloying specimens FeCr, FeMn, SiMn and FeTi that had locally been labelled were simultaneously added to the steel melt. Sampling was carried out by means of a special probe. The distribution of the elements in steel was determined by gamma-spectrometric evaluation of the samples using a multichannel analyzer type TRACOR TN 4500.

Keywords

alloy-CK-20; metallurgy; multi-channel analyzers; tracer techniques;

Die vollständige Auflösung von Legierungszusätzen und die Erreichung einer hohen Homogenität der chemischen Zusammensetzung des Stahls gehören zu den metallurgischen Problemen, die gegenwärtig noch nicht umfassend geklärt sind. Dies trifft besonders für die Herstellung von Hochqualitätsstählen im Sauerstoffkonverter anstelle des SM-Ofens zu. Dem Studium der Auflösung von festen Legierungszusätzen in Metallschmelzen mit Hilfe von Radionukliden wird in der Literatur eine ziemlich große Bedeutung beigemessen. Vorrangig werden nachfolgend aufgeführte Methoden zur Lösung genannter Problematik angewandt:

1. Die punktförmige Markierung der Legierungsstücke,
2. Die Gesamtvolumenmarkierung der Legierungsstücke.

Bei der 1. Methode wird die zur Auflösung der punktförmig markierten Körper notwendige Zeit durch die zuerst gemessene Radioaktivität in einer aus der Schmelze aufgenommenen Stahlprobe signalisiert. In Abhängigkeit von der Probeentnahmestelle und der Lage des markierten Stücks im Stahlvolumen, die mehr oder weniger zufällig ist, kann der Meßeffekt niedrig oder auch extrem hoch sein. Man kann auch den Fall nicht ausschließen, daß im Augenblick der Auflösung, d. h. beim Übergang der Strahlungsquelle in die Schmelze, die Probeentnahmestelle so weit entfernt ist, daß kein Meßeffekt auftritt. Dieser Aspekt ist jedoch nicht von primärer Bedeutung, da es für den Metallurgen nicht so wichtig ist zu wissen, zu welchem Zeitpunkt der Legierungskörper aufzuschmelzen beginnt. Von Interesse ist vielmehr der Zeitpunkt der Homogenisation.

Die Herstellung der mit Radionukliden in der Mitte punktförmig markierten Körper aus Ferrolegierungen ist relativ schwierig. Das betrifft insbesondere die Herstellung der dazu erforderlichen Bohrung (Abb. 1).

*) Vortrag, gehalten auf dem 7. Kolloquium „Technische Anwendung radioaktiver Isotope im Berg- und Hüttenwesen", 13./14. 3. 1985, Hetzdorf bei Freiberg

[1]) Anschrift: Dobrá (ČSSR)

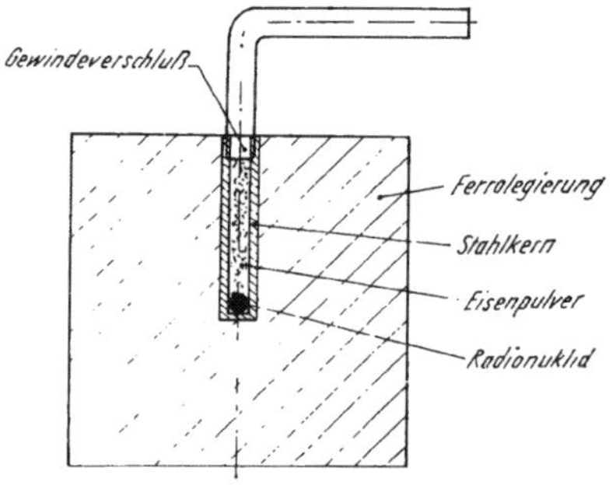

Abb. 1. Schnittdarstellung eines punktförmig markierten Legierungskörpers

Abb. 2. Gegossene Legierungskörper

Die 2. Methode erfordert die Markierung des Gesamtvolumens der Versuchskörper. Dieses geschieht durch Umschmelzen der Legierung unter Zusatz eines gut löslichen Radionuklids und Abgießen von gleichförmigen Körpern. Der Nachweis von Aktivität in der Stahlprobe bedeutet in diesem Fall nicht unbedingt eine vollständige Auflösung, da ein Meßeffekt schon unmittelbar nach der Zugabe der markierten Versuchskörper erstmals auftritt. Eine homogene Verteilung liegt dann vor, wenn die Aktivität des Stahls in der Pfanne oder beim Vergießen einen konstanten Mittelwert aufweist.

Auf Grund einer Analyse der Informationen, aber besonders der Betriebsbedingungen des Stahlwerks, für das die Arbeiten bestimmt waren, entschieden wir uns für punktförmig markierte Körper einheitlicher Form, und zwar Würfel mit abgestuften Kantenlängen von 50, 75, 100 und 130 mm. Die Würfel wurden gegossen (Abb. 2). Verwendet wurden FeCr, FeMn, SiMn und FeTi in den Qualitäten, die im Betrieb üblich sind.

Bei der Herstellung von Gußstücken aus den Ferrolegierungen waren mehrere metallurgische Probleme zu beachten, wie zum Beispiel die Größe der Nachsaugesteiger, das Abtrennen der Steiger, die Rißanfälligkeit, die Neigung zum Selbstzerfall, die Schaffung des Einführungskanals und andere. Es wurde ein optimales Verfahren ausgearbeitet, das im Vergießen in Sandformen auf Schamottefutter, in der Anwendung eines „Kerns" aus kohlenstoffarmen Stahl und in der Vergrößerung des verlorenen Kopfes mit Kehlkern auf das Volumen des eigentlichen Gußstücks besteht. Der „Kern" aus einer Stahlstange diente zum Ausbohren des Einführungskanals von 6 bzw. 8 mm Durchmesser und zur Herstellung des Gewindeverschlusses.

Als Meßtechnik wurde zuerst der Szintillationsdetektor NaI(Tl) und die Apparatur Tesla NZQ 714 T bzw. der Vielkanalanalysator NTA 512 angewendet. Diese Gerätevariante eignet sich jedoch nur für den Einsatz von höchstens zwei mit verschiedenen Radionukliden markierten Körpern. Daraus ergab sich die Notwendigkeit, je eine Versuchsschmelze für jede Legierung und jede Abmessung der Versuchskörper durchzuführen. Einen bedeutenden Fortschritt brachte die Installation des Vielkanalanalysators TRACOR TN 4500 mit einem Ge(Li)-Halbleiterdetektor. Das hohe Auflösungsvermögen sowie die Möglichkeit einer gleichzeitigen Messung und quantitativen Bestimmung einer ganzen Anzahl von Radionukliden im Gammaspektrum führte zur Polykomponenten-Markierung und der Ausarbeitung von Software-Programmen für die automatische Isotopenanalyse. Diese Modernisierung der Meßtechnik ermöglichte eine gleichzeitige Anwendung von Versuchskörpern verschiedener Größe und chemischer Zusammensetzung. Unter Berücksichtigung der Kerneigenschaften (Aktivierungsquerschnitt und Halbwertszeit), des Energieauflösungsvermögens im Gammaspektrum und der Möglichkeit einer operativen Vorbereitung durch Bestrahlung der spektralreinen Elemente in einem Kernreaktor wurde ein Satz von punktförmigen Strahlern für die Betriebsanwendung zusammengestellt. Die Aktivierungsbedingungen und der Strahlereinsatz wurden so gewählt, daß die spezifische Gesamtaktivität der Radionuklide in der Schmelze den Wert von 0,1 GBq/t Stahl nicht überschreitet (Tab. 1).

Ein Erfolg der Betriebsversuche setzt eine Probenahme des flüssigen Stahls aus der Pfanne im Zeitraum vom Einsetzen der Legierung bis zum Beenden des Vergießens in sehr kurzen Zeitintervallen voraus. Zur Entnahme von Stahlproben wurde die Entnahmesonde „Diskpin" benutzt, die eine Tauchtiefe von annähernd 60 cm unter den

Tab. 1. Übersicht der Eigenschaften der angewendeten Radiotracer

Radionuklid	Schmelzpunkt in °C	Siedepunkt in °C	Halbwertszeit
Cr-51	1615	2200	27,8 Tage
Mo-99	2620	5540	66,2 Stunden
Ag-110	960	1950	250,4 Tage
Sb-124	630	1380	60,2 Tage
Hf-181	1700	3200	42,5 Tage
Te-182	2936	4000	115,0 Tage
Au-198	1063	2000	2,7 Tage
Zr-95	1900	2900	65,0 Tage

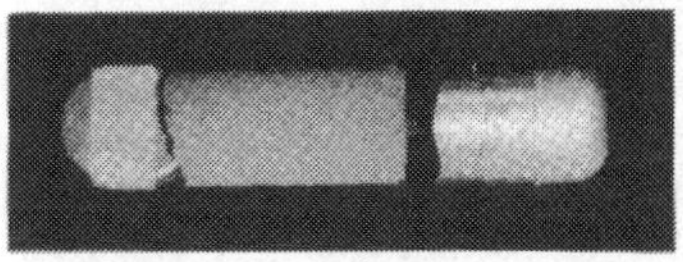

Abb. 3. Eintauchkopf der Entnahmesonde „Diskpin"

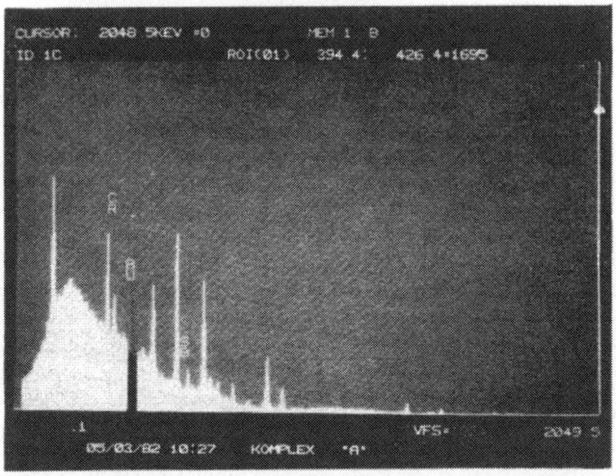

Abb. 4. Gammaspektrum von Proben aller verwendeten Radionuklide

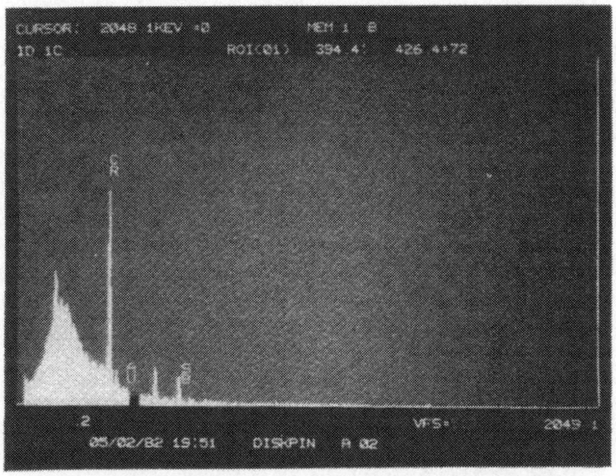

Abb. 5. Gammaspektrum der Probe A 02 (9 min nach dem Legieren)

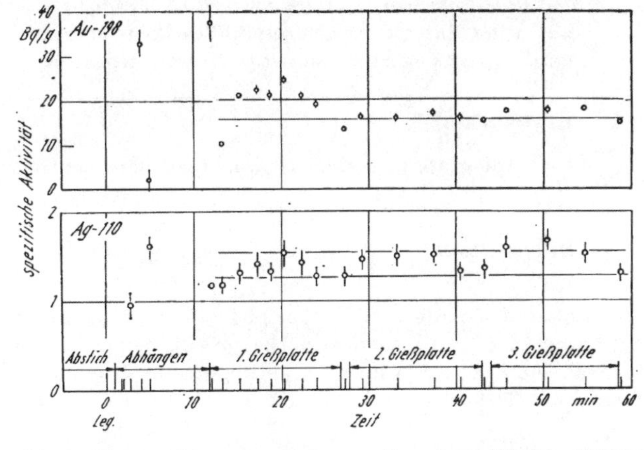

Abb. 6. Homogenisierungsverlauf von Ferrochrom-Würfel, 120 mm Kantenlänge, Au-markiert) und Silicomangan (SiMn, 100 mm Kantenlänge, Ag-markiert)

Stahlspiegel in der Pfanne erlaubt. Diese Sonden ermöglichen zwar nicht die Probenahme im Laufe des Abstichs, wo die Pfanne nur teilweise gefüllt ist, sondern erst zum Ende des Abstichs, wenn das Stahlniveau hinreichend hoch ist. Auch im Laufe der Raffination mit Druckgasen hat sich diese Probenahme bewährt (Abb. 3). Die Probenahme aus dem Gießstrahl wurde mit Entnahmesonden, die aus benutzten Diskpins hergestellt waren, durchgeführt. Das Einklemmen der Entnahmesonde in eine Schweißzange, die an einem langen Stab befestigt war, erlaubte ein schnelles Auswechseln und eine Probenahme aller 30 bis 90 s. Zur Durchführung der gammaspektrometrischen Messungen war es nur notwendig, den Einguß abzutrennen.

Die Anwendung der punktförmig markierten Würfel hat sich auch zur Simulierung der Grenzbedingungen in der Produktion bewährt. Es wurden auch Versuche zum Lösungsverhalten von kleinen, leichten Legierungsstücken, die in der Pfannenschlacke hängen, durchgeführt. Das dafür notwendige „Erleichtern" der Versuchskörper erfolgte durch Einhüllen derselben in ein Gemisch von hitzebeständigem Beton mit Kokssplitt in einer speziellen Einbettungsform. Die Schichtdicke der Hülle betrug 1 bis 3 cm. Es wurde festgestellt, daß das allmähliche Auflösen der Legierung während des Vergießens eine Erhöhung der Konzentration des Legierungselements in den Blöcken der letzten Gießplatte zur Folge hat.

Als Beispiele für Auswerteschritte der beschriebenen Untersuchungen stehen nachfolgende Abbildungen. Die Abb. 4 zeigt das mit dem Vielkanalanalysator TRACOR TN 4500 erhaltene Gammaspektrum aller bei diesen Versuchen verwendeten Radionuklide und die Abb. 5 das Gammaspektrum der Probe A 02.

In Abb. 6 ist der Verlauf der Homogenisierung von Ferrochrom und Silicomangan im Zeitraum zwischen Abstich und Gießende wiedergegeben.

Mit Hilfe der dargestellten Methode der Markierung von Legierungskörpern und der beschriebenen gammaspektrometrischen Meßtechnik wurden mehr als 10 Betriebsversuche mit Erfolg durchgeführt. Im Resultat konnte zum Beispiel im Konverterstahlwerk des Eisenwerks Třinec auf die Dosierung von flüssigen Ferrolegierungen verzichtet werden und statt der Umschmelzöfen für FeMn wurde nur eine Grobseparation von Stücken über 100 mm aufgebaut. Im Eisenwerk Vitkovice wurde die Dosierung von Legierungszusätzen in die Pfanne mit einem Förderband anstatt einmaliger Beschickung mittels eines Chargierkübels eingeführt. Ein weiteres produktionswirksames Ergebnis war der Nachweis, daß zur Homogenisierung von Legierungszusätzen kleiner Körnigkeit eine dreiminütige Durchmischung mit inertem Druckgas ausreichend ist.

Eingegangen am 22. 11. 1985

Isotopenpraxis 22 (1986) 9, S. 330 bis 333

A Method of Autoradiographic Investigation of Carbon Diffusion from a Gaseous Phase through Barrier Layers created on Constructional Materials*)

A. B. Kraś, L. Waliś, A. Lutze-Birk

(Institute of Nuclear Chemistry and Engineering, Warsaw, Poland)[1]

The aim of investigation presented was the estimation of the resisting against carburizing of two types of alloy cast steel, which were covered with various protective coats. By means of the radioisotope ^{14}C the carburizing atmosphere was labelled and the carbon migration through barrier layers to a cast steel base has been investigated by autoradiography. The investigation technique is described and results are discussed.

Das Ziel der vorgelegten Untersuchung war die Bestimmung des Widerstandes gegen das Aufkohlen von zwei Arten von Gußstahllegierungen, die unterschiedlich beschichtet waren. Mit Hilfe einer ^{14}C-Markierung der aufkohlenden Atmosphäre und unter Anwendung der Autoradiographie konnte die Migration des Kohlenstoffs durch die Sperrschichten untersucht werden. Die Untersuchungstechnik wird beschrieben und die erhaltenen Ergebnisse werden diskutiert.

Keywords

autoradiography; carbon 14; carburization; coatings; nondestructive testing; surface coating

1. Introduction

Necessity of counteraction the migration of elements, occurring in a media, in which the process is performed, into attachment materials, is an important problem in technique. The most often used method is based on the creation of barrier layers on the surface of materials. These layers block the diffusion processes.

The aim of investigation presented in this paper was to estimate the resistivity against carburizing of two types of alloy cast steel, which were covered with various protective coats.

The carbon migration through barrier layers to a cast steel base has been investigated by means of labelling the carbon in a carburizing atmosphere with the radioisotope ^{14}C and by autoradiographic method.

*) Presented at the XIVth International Symposium on „Autoradiography", November 19–23, 1984, Reinhardsbrunn, G.D.R.

[1]) Address: PL-03195 Warszawa, Dorodna 16

Investigation technique

Highly alloyed cast steel of two types (Cr-17%, Ni-36%, Si-13%) of various carbon concentration: cast steel A — 0·35% C and cast steel B — 0·04% C, were investigated.

These cast steels were covered with two-components protective layers. The first was composed of intermetallic phases of types: Fe_xAl_y and Ni_xAl_y mainly, the second one, occurring directly under the first one, was created by Ni_3Al or Fe_3Al. Composition of the carburizing atmosphere should be choosen so, as to be similar to the atmospheres, used in the industry and from the other hand to be suitable for labelling with the radioisotope ^{14}C. As a carburizing compound a mixture of 30% vol. CH_3OH and 70% vol. $C_4H_8O_5$ was choosen, in which CH_3OH contained the radioisotope ^{14}C ($^{14}CH_3OH$). Taking into account a high cost of the radiotracer, it was not possible to perform the carburizing process in the conditions of continuous flow of the carburizing atmosphere. Therefore the procedure based on the carburizing in a closed ampoule, without atmosphere flow, was elaborated.

Cast steel samples were carburized at the temperature 920 °C in three various time periods: 5, 15, 30 h. Scheme of the investigation is presented on Fig. 1.

After carburizing of the samples, the skew section through the barrier layers were made (sinus of the skew section angle — 0·0002, 0·0004 and 0·0006).

The samples skew section were exposed together with steel standards, which had been labelled with ^{14}C, on autoradiographic film AF-3. Then the films were developed and photometric analysis was made, using *Joyce-Loebel* production microdensitometer. Some of the obtained photometric graphs are presented on Fig. 2—5 as example.

The standard was exposed in the same conditions as the samples, and it was used for the determination of the maximum carbon concentration (%). The carbon had diffused from the atmosphere to the given region of the sample, near its surface. Its concentration was calculated for each sample individually, on the basis of the following data:

- maximum optical density, obtained from the photometric curve of the sample — D_p,
- optical density, taken from the graph for the standard — D_w,
- carbon concentration in the standard (in %) — C_w,
- specific activities of the carbon in carburizing media of the samples and standards — A_p and A_w.

Every obtained value of the maximum carbon concentration in the sample was then corrected, taking into account densities differences between samples protective layer (which was the main source of ^{14}C-radiation) and a cast steel base.

Densities of the compounds, creating a given protective coat, were taken for calculations according to the data, presented on Fig. 1.

Summaric amount of the carbon, which had diffused from the atmosphere to the samples, was estimated according to the empirical parameter $\sum c \cdot x$ (area under a curve of carbon concentration).

Investigations of changes of the samples masses due to carburization were performed supplementally. This method was used also for checking of homogeneity of carburizing conditions in the reactor chamber and for checking of carburizing kinetics ($t = 920$ °C, $\tau = 5$, 15, 30 h).

3. Results and discussion

The results are presented summarily in Tab. 1. From three parameters: changes of a sample mass, the maximum carbon concentration and the amount of the carbon-absorbed from the atmosphere (determined by calculation of the area under the blackening curve of the autoradiogram) the last one is the most suitable for the estimation of the quality of protective coats.

Investigation of a mass change give comparable results, if the same material is carburized in all the cases. In the case of various coats, their chemical reactions with an atmosphere can change the sample mass according to its chemical and phase composition.

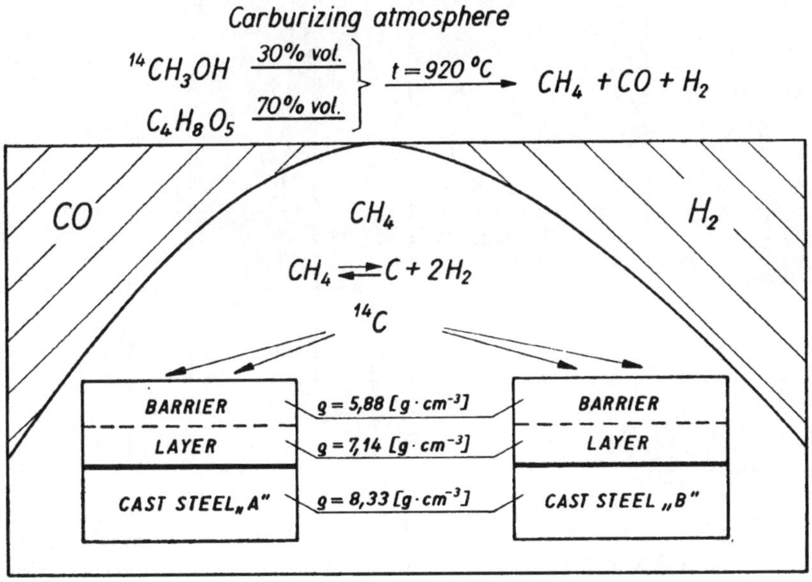

Fig. 1. Scheme of the investigation

Tab. 1. Data of the carburization kinetics (t = 920 °C; τ = 5, 15, 30 h)

Cast steel	Barrier layer N°	Barrier layer thickness [µm]	5 h			15 h			30 h		
			$\frac{\Delta m}{s}$ [10^{-4} g · cm^{-2}]	c_{max} [%]	$\Sigma c \cdot x$	$\frac{\Delta m}{s}$ [10^{-4} g · cm^{-2}]	c_{max} [%]	$\Sigma c \cdot x$	$\frac{\Delta m}{s}$ [10^{-4} g · cm^{-2}]	c_{max} [%]	$\Sigma c \cdot x$
A	1	85	1·7	0·23	18·3	2·9	1·01	189·3	2·3	4·94	375·6
(0·35 % C)	2	80	2·0	**0·16**	**4·0**	2·7	**0·79**	**83·7**	2·7	**0·32**	**40·1**
	3	40	0·7	0·23	5·6	1·1	1·43	346·1	0·9	0·37	33·3
	4	170	2·2	0	0	2·4	0·73	245·2	5·1	0·36	61·2
B	1	85	1·4	0·07	8·8	2·8	3·14	226·6	2·1	1·44	645·4
(0·04 % C)	2	80	2·3	0	0	2·0	**0·19**	18·8	2·7	1·44	445·0
	3	40	0·6	**0·19**	**9·0**	0·5	**0·44**	**27·1**	1·3	**0·32**	**15·4**
	4	170	2·1	0	0	4·1	0·87	109·6	3·2	0·41	38·7

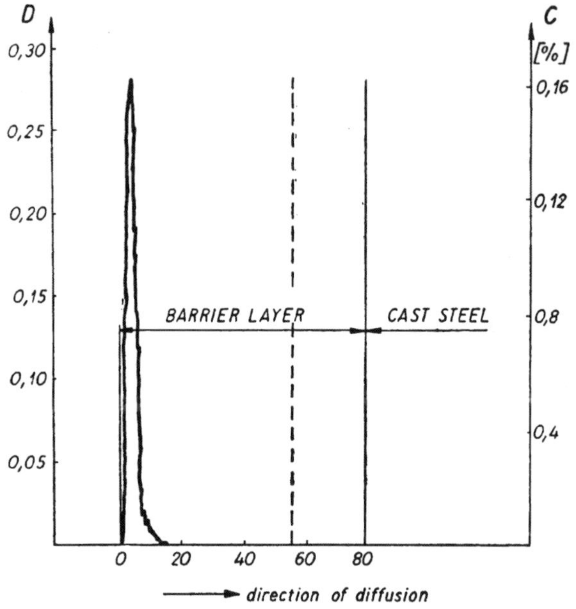

Fig. 2. Distribution of carbon in barrier layer No. 2, cast steel A (t = = 920 °C, τ = 5 h)

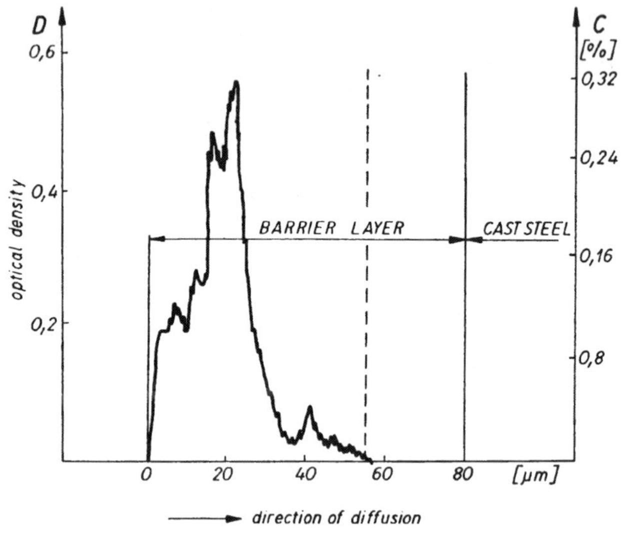

Fig. 4. Distribution of carbon in barrier layer No. 2, cast steel A (t = = 920 °C, τ = 30 h)

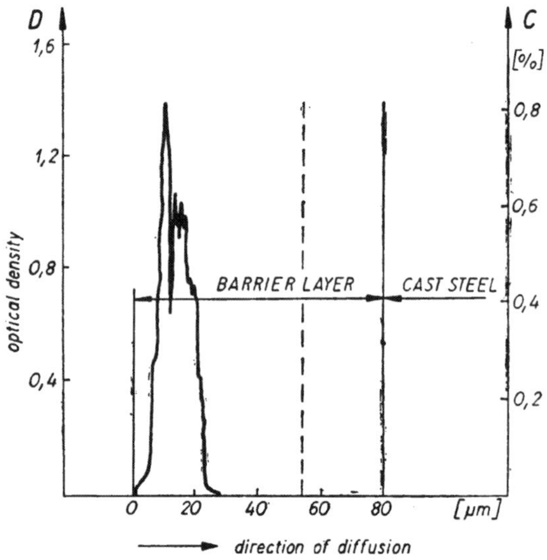

Fig. 3. Distribution of carbon in barrier layer No. 2, cast steel A (t = = 920 °C, τ = 15 h)

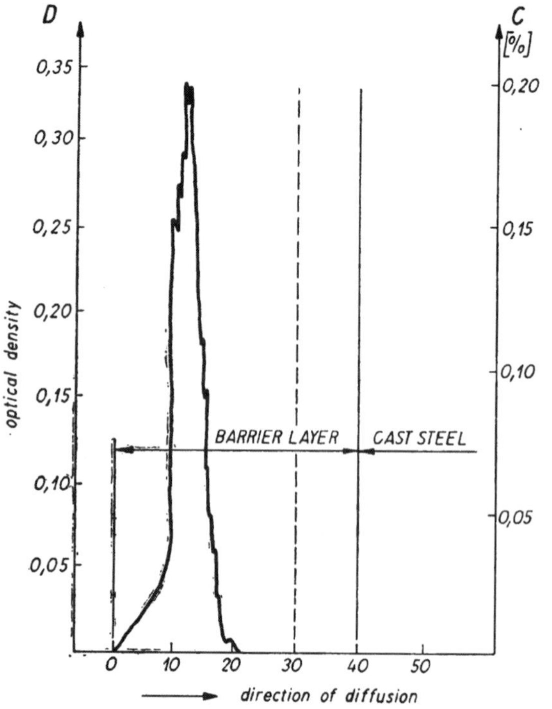

Fig. 5. Distribution of carbon in barrier layer No. 3, cast steel B (t = = 920 °C, τ = 5 h)

The maximum carbon concentration is highly an accidental parameter, if the barrier layers of various composition and thickness are compared. Also the high carbon concentration near a surface is not essential, if that carbon has not penetrated deeply.

Therefore the parameter $\sum c \cdot x$ has been taken for estimation of the protection efficiency of barrier layers. Diffusion profiles of the carbon, presented on Fig. 2–5 show the minimum diffusion range of that element in the samples under the barrier layers (at a given specific activity of the radiotracer).

After 30 hours of carburizing, the atmospheric carbon didn't penetrate practically at all to the base. All the protective layers appeared to be effective in these conditions, but it cannot be stated, if they would be effective also at longer carburizing time, for instance at 1000 h.

On the basis of the data given in Tab. 1, if can be stated that for cast steel A the relatively best coat is the layer of "2" kind, and for cast steel B – layer "2" or "3", because these layers absorbe the smallest amount of the carbon.

For the technology of production of devices, working in carburizing atmosphere at 920 °C, the barrier layers of optimal composition have been choosen.

Received October 19, 1985

Isotopenpraxis 22 (1986) 9, S. 333 bis 334

Kurze Originalmitteilungen

Table of Mass Attenuation Coefficients for X-Rays up to 40 keV

G. Brunner

(Akademie der Wissenschaften der DDR, Zentralinstitut für Isotopen- und Strahlenforschung)

Keywords

attenuation; X-radiation

A table of mass attenuation coefficients, μ/ϱ [cm² g⁻¹], has been prepared according to a formerly published paper [1] on atomic photoionization cross sections and on the quality of their widely used 3-parameter representation

$$\tau = CE^{-\alpha}Z^{\beta} . \quad (1)$$

Scattering fractions have been added.

The limits of validity are:

absorber elements: $Z = 1$ to 94

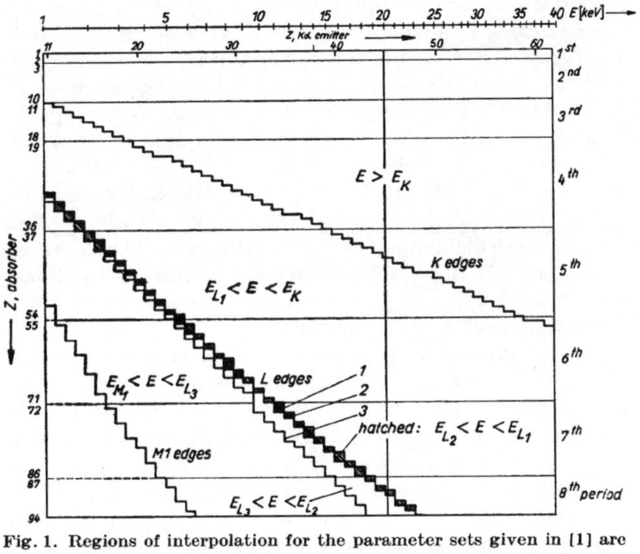

Fig. 1. Regions of interpolation for the parameter sets given in [1] are divided by the periods of the attenuating elements, by the 1 keV (or E M1, respectively), 20 keV and 40 keV energy limits and by the K and L absorption edges. (Area between L1 and L2 steps hatched.)

→ Z, $K\alpha$ emitter; ↓ Z, absorber

	11	12	13	14
1	.624E1	.348E1	.211E1	.138E1
2	.536E2	.312E2	.176E2	.104E2
3	.201E3	.113E3	.671E2	.413E2
4	.521E3	.293E3	.173E3	.107E3
5	.109E4	.611E3	.362E3	.223E3
6	.198E4	.111E4	.659E3	.406E3
7	.330E4	.165E4	.110E4	.674E3
8	.512E4	.287E4	.170E4	.105E4
9	.754E4	.423E4	.250E4	.154E4
10	.107E5	.598E4	.354E4	.218E4
11	.595E3	.521E4	.322E4	.206E4
12	.792E3	.479E3	.412E4	.264E4
13	.103E4	.623E3	.394E3	.332E4
14	.132E4	.795E3	.503E3	.329E3
15	.165E4	.996E3	.631E3	.413E3
16	.204E4	.123E4	.780E3	.511E3
17	.249E4	.151E4	.952E3	.623E3
18	.301E4	.182E4	.115E4	.752E3
19	.353E4	.215E4	.136E4	.895E3
20	.409E4	.248E4	.158E4	.104E4
21	.470E4	.285E4	.181E4	.119E4

Fig. 2. Example of the tabulation: μ/ϱ for $EK\alpha_1$ of emitter elements $Z = 11$ to 14 and for absorber elements $Z = 1$ to 21; units cm² g⁻¹; figure representation: .624E1 means $0.624 \cdot 10^1$

energy: low energy limit: M1 absorption edge as far as it is not below 1 keV; otherwise 1 keV;

high-energy limit: 40 keV.

The table is intended to be applied on X-ray emission analysis. For this reason the energy steps in the table correspond conveniently to the $K\alpha_1$ emission energies of all elements from $Z = 11$ (Na, $EK\alpha_1 \approx 1.04$ keV) to $Z = 61$ (Pm, $EK\alpha_1 \approx 38.7$ keV).

To receive μ/ϱ for an energy value $E = EK\alpha_1 + \Delta E$, being not identical with a characteristic $K\alpha_1$-line energy, the formula

$$\mu/\varrho = (\mu/\varrho)_{EK\alpha_1} + \Delta(\mu/\varrho) = \\ = (\mu/\varrho)_{EK\alpha_1}\left(1 - \alpha\frac{\Delta E}{EK\alpha_1}\left[1 - \frac{0.361}{(\mu/\varrho)_{EK\alpha_1}}\cdot\frac{Z}{A}\right]\right). \quad (2)$$

may be applied to refer it to the nearest tabulated $(\mu/\varrho)_{EK\alpha_1}$ within the proper chosen interpolation field according to Fig. 1. The corresponding energy exponents α are tabulated in [1].

In most cases the scattering contribution is small with respect to the photo fraction. Then (2) reduces to

$$\mu/\varrho = (\mu/\varrho)_{EK\alpha_1} + \Delta(\mu/\varrho) \approx (\mu/\varrho)_{EK\alpha_1}\left(1 - \alpha\frac{\Delta E}{EK\alpha_1}\right). \quad (3)$$

The table construction is similar to that one of the well-known *Theisen* and *Vollath*-table [2], but it regards consequently the segments between the absorption edges and holds true within broader limits. Fig. 2 gives an impression of its character: from the left to the right hand side the atomic number of the $K\alpha_1$ emitter element is stepping on, in the downward direction the atomic number of the attenuating element increases.

The complete list is available upon request as "ZfI-Mitteilung" [3].

Received February 7, 1986

References

[1] *G. Brunner*, Ion-Induced X-Ray Emission: Parameter Set fo- Attenuation Corrections, Isotopenpraxis **22** (1986) 12

[2] *R. Theisen, D. Vollath*, Tables of X-Ray Mass Attenuation Coefficients, Düsseldorf: Verlag Stahleisen m.b.H. 1967

[3] *G. Brunner*, Mass Attenuation Coefficient Tables for X-Rays, ZfI-Mitt. **116** (1986) 5

Isotopenpraxis **22** (1986) 9, S. 334 bis 335

Charakterisierung von Pfropfcopolymeren durch radioaktive Markierung

W. Sobek

(Technische Hochschule Leipzig, Sektion Polygrafie)[1])

J. Rieger

(VEB Flachglaskombinat Torgau)

S. Riedel

(Technische Universität Dresden, Sektion Chemie)

Keywords

acrylic acid; graft copolymers; ion exchange; sodium 22; tracer techniques

Zur Beurteilung der Qualität von Offsetdruckformen spielt die Tracertechnik eine zunehmende Rolle. So ist die Ermittlung von Feuchtmittel- und Farbschichtdicken auf einfache und elegante Weise möglich [1], komplexe Untersuchungen an laufenden Druckmaschinen gestatten eine detaillierte Beschreibung der Vorgänge im Offsetdruck [2].

Das von uns entwickelte Verfahren zur Offsetdruckformenherstellung durch photoinitiierte Pfropfcopolymerisation [3, 4] beruht darauf, daß auf die Oberfläche eines hydrophoben Polymeren durch Belichtung ein hydrophiles Monomer aufgepfropft wird. An den bestrahlten Stellen wird das Material hydrophil und damit feuchtmittelführend, während es an den unbestrahlten Stellen hydrophob und damit farbführend bleibt. Als hydrophile Monomere sind u. a. radikalisch polymerisierbare Carbonsäuren, Alkohole, Amine und Amide geeignet. Dabei liegt das Wasserbindungsvermögen des Carboxylatanions um ca. eine Größenordnung über dem der anderen polaren Gruppen [5], so daß insbesondere Acrylsäure und Methacrylsäure zur Hydrophilierung in Frage kommen.

Zur näheren Charakterisierung des Prozesses der Photopfropfung und seiner Produkte ist die Ermittlung des Pfropfungsgrades (Pfropfungsgrad: Masse der gepfropften Seitenketten je Flächeneinheit des Basispolymeren) notwendig. Da es sich im vorliegenden Fall um eine Dünnschichtpfropfung handelt, ist wegen der geringen Massenzunahme eine gravimetrische Bestimmung nicht möglich. Man ist deshalb auf die speziellen Methoden der Oberflächenanalytik angewiesen. Besondere Bedeutung kommt dabei der IR-ATR-Spektroskopie zu. Da es nicht gelang, einen vollständigen optischen Kontakt zwischen dem Reflexionselement und der Probe herzustellen, war es nicht möglich, die absolute Extinktion einer Absorptionsbande der Acrylsäure zu bestimmen. Es blieb deshalb nur die Möglichkeit, das Extinktionsverhältnis je einer Bande der Acrylsäure und des Basispolymeren als relatives Maß für den Pfropfungsgrad zu verwenden. Neben der ATR-Spektroskopie bestand die Möglichkeit, die gepfropfte Acrylsäure mit einem kationischen Farbstoff anzufärben. Wir verwendeten dazu Basacrylblau GL, das in der Textilfärberei für Acrylfasern verwendet wird. Da sich jedoch die Absorptionsmaxima des freien und des gebundenen Farbstoffes infolge von Aggregations- und Solvatochromieeffekten beträchtlich unterscheiden, kann die Extinktion der gefärbten Pfropfprodukte ebenfalls nicht zur Absolutbestimmung des Pfropfungsgrades dienen. Zur Eichung

[1]) Anschrift: DDR-7030 Leipzig, Karl-Liebknecht-Str. 132

der beiden Methoden nutzten wir die Tatsache, daß es sich bei den Pfropfcopolymeren der Acrylsäure um Kationenaustauscher handelt. Wegen der geringen Pfropfungsgrade war die Ermittlung der Austauscherkapazität acidimetrisch nicht möglich, dagegen steht in der Tracertechnik eine einfache Methode für derartige Fragestellungen zur Verfügung.

Experimentelles

Zum Ionenaustausch diente eine mit dem Radionuklid ^{22}Na markierte Kochsalzlösung. Die spezifische Aktivität betrug $1{,}85 \cdot 10^9$ Bq/mol, der pH-Wert 9,24. Die Proben wurden 30 min am Rückfluß erhitzt und anschließend, um einen Rücktausch zu vermeiden, nicht gespült, sondern lediglich dreimal mit Filterpapier abgepreßt. Die Aktivitätsermittlung erfolgte mit einem Kristallszintillationszähler (NaI/Tl-Kristall). Zur Auswertung diente die 511-keV-Linie der Positronenvernichtungsstrahlung. Die Berechnung erfolgte durch Bezug auf Proben, die durch Eindampfen definierter Mengen der markierten Lösung auf Basispolymerfolien erhalten worden waren.

Ergebnisse

Eine ausführliche Zusammenstellung aller Ergebnisse zur Analytik photogepfropfter Offsetdruckformen ist in [6] gegeben. Der Blindwert der Methode beträgt etwa $1{,}5 \cdot 10^{-8}$ mol Acrylsäure/cm², die Standardabweichung $3 \cdot 10^{-8}$ mol/cm². Sowohl für die ATR-Spektroskopie als auch für die Anfärbetechnik erhält man streng lineare Eichkurven mit Korrelationskoeffizienten von ca. 0,95. Dabei ist die ATR-Methode auf Grund der Strahleneindringtiefe von mehreren Mikrometern bis zu Pfropfungsgraden von ca. $10^{-5} \ldots 10^{-6}$ mol/cm² anwendbar. Die Anfärbetechnik stellt ein im Vergleich zur ATR-Technik außerordentlich schnell und einfach anwendbares Analysenverfahren dar, ist aber sowohl wegen der hohen Extinktion des Farbstoffes als auch wegen seiner geringen Diffusionsneigung in dickere Polymerschichten (die relative Molekülmasse von Basacrylblau GL beträgt 438) auf die Charakterisierung gering gepfropfter Oberflächen beschränkt.

Eingegangen am 18. 2. 1986

Literatur

[1] *W. Sobek, H. Baumbach*, Papier und Druck (Druck und Verarbeitung) **32** (1983) 65

[2] *R. Riedl*, Papier und Druck (Druck und Verarbeitung) **31** (1982) 41

[3] DDR-WP 206852, 3. 11. 1981, *W. Sobek, R. Trauzeddel*

[4] DDR-WP 219307, 7. 11. 1983, *W. Sobek, R. Trauzeddel, J. Rieger, . Hempel*

[5] *D. W. van Krevelen*, Properties of Polymers, Amsterdam-Oxford-New York 1976, S. 422

[6] *J. Rieger*, Dissertation TH Leipzig, 1985

Isotopenpraxis 22 (1986) 9, S. 335 bis 336

Buchbesprechungen

Geological environments of sandstone-type uranium deposits (Report of the working group on uranium geology organized by the International Atomic Energy Agency)

Wien: 1985. 408 S., zahlr. Abb. u. Tab. (IAEA-TECDOC-328)

Die Lagerstätten des Uraniums, die an Sandsteine gebunden sind, enthalten den größten Teil der gegenwärtig überhaupt bekannten Vorräte. Für die USA z. B. waren und sind sie die hauptsächliche einheimische Rohstoffquelle. Daraus wird verständlich, daß man der wissenschaftlichen Erforschung dieses Typs beträchtliche Mittel gewidmet hat (in den USA mehr als 10000 Mann-Jahre in den letzten 35 Jahren). Viele Erkenntnisse sind bereits veröffentlicht, ohne daß eine weltweite Zusammenfassung bisher versucht worden wäre. Eben diesen Versuch hat die IAEA mit der Arbeitsgruppe (Leitung: Warren I. Finch, Denver, USA) unternommen und legt das Ergebnis in dem umfangreichen Band vor. Das Ziel der Arbeit ist die systematische Darstellung der Bindung dieser Lagerstätten an bestimmte lithologische, tektonische, hydrogeologische und geochemische Bedingungen, um damit Kriterien für die Erkennung und Bewertung neuer Erkundungsgebiete, vor allem in den Entwicklungsländern, zu gewinnen.

Nach zwei einführenden Beiträgen zur allgemeinen Geologie folgen regionale Übersichten: Europa (4 Beiträge), Asifen (2 B.), Südamerika (2 B.), Nordamerika (3 B.), Afrika (4 B.) und Australien (1 B.). Jedem regionalen Abschnitt ist eine Karte mit einer Liste der bekannten Lagerstätten des Typs vorangestellt. Insgesamt werden 107 Lagerstätten angegeben.

Anschließend folgen 3 Beiträge zu geochemischen und geophysikalischen Methoden der Suche und Erkundung von Lagerstätten. Es werden behandelt: geochemische Methoden mit Hilfe von Wasser- und Flußsediment-Proben; Gas-Aufnahmen (Messung und Deutung der Radon- und Helium-Gehalte); induzierte Polarisation und elektromagnetische Meßverfahren.

Zum Schluß werden in 3 Beiträgen Verallgemeinerungen für die genetischen Modelle, für die Datenverarbeitung und für die weitere Forschung gegeben.

Mit dieser umfangreichen Darstellung ist den Herausgebern und Mitarbeitern die angestrebte Synopsis offenkundig gelungen. Damit wird auch der Zweck erreicht, der im Vorwort (von J. A. Patterson) genannt wird: „Die beträchtliche Aufmerksamkeit und Aktivität bei der Erkundung von Uraniumlagerstätten im letzten Jahrzehnt hat unsere Kenntnis der Geologie des Uraniums und der Natur seiner Lagerstätten wesentlich vermehrt. Viele Informationen, die im Rahmen von staatlichen oder kommerziellen Programmen gewonnen wurden, sind nicht allgemein zugänglich geworden und sind in vielen Fällen nicht systematisch gesammelt, zusammengefaßt und veröffentlicht worden. Angesichts der gegenwärtigen Kürzung der Aufwendungen für die Erkundung und

Erforschung des Uraniums besteht die reale Gefahr, daß viele der gesammelten Kenntnisse verloren gehen und — bei der erwarteten Wiederbelebung der Aktivitäten — von neuem gewonnen werden müssen, was mit dem entsprechenden Verlust von Zeit, Geld und Arbeit verbunden sein wird. Mit dem Ziel, die wichtigsten Informationen über die Typen der Uranium-Lagerstätten zu sammeln, wird eine Reihe von Berichten vorbereitet, von denen jeder einem bestimmten Lagerstättentyp gewidmet ist".

Die Fachleute werden den vorgelegten Band mit Gewinn studieren und die folgenden Berichte mit gleichem Interesse erwarten. *K. H. Köhler*

The Handbook of Environmental Chemistry
The Natural Environment and the Biogeochemical Cycles

O. Hutzinger (Ed.), Vol. 1, Part D. Berlin — Heidelberg New York — Tokyo: Springer-Verlag 1985. 256 S., 58 Abb., 53 Tab.; geb. DM 168,—

Der 4. Teilband zu dem großen Themenkreis der natürlichen Umwelt und den in ihr ablaufenden biogeochemischen Kreisläufen behandelt die Elemente der 1. Nebengruppe des Periodensystems, die Modellierung des globalen Kohlenstoffkreislaufs, die chemische Limnologie und die Umwelt-Mikrobiologie. Die getroffene Auswahl fügt sich nahtlos in die Themenkreise der vorher erschienen Teilbände ein, so daß dem Gesamtanliegen dieser vorgelegten Reihe — ein Handbuch zu sein — voll entsprochen wird.

Bei dem Tehma über die Kreisläufe des Cu, Ag und Au fällt auf, daß zwar Cu als Bioelement eine Triebkraft für die natürlichen Kreisläufe besitzt, Ag und Au aber keine Bioelemente sind und somit die Flüsse abiogen zwischen den einzelnen Reservoirs ablaufen. Natürlich unterliegen diese Elemente bereits stark einer anthropogenen Beeinflussung, so daß eine Betrachtung der unverfälschten, vorindustriellen Flüsse nur bedingt möglich ist. Beispielsweise ist unter natürlichen Bedingungen der Fluß des Cu von der Atmosphäre zum Boden verhältnismäßig klein, kann aber bei kohlegefeuerten Kraftwerken mit 300 bis 1000 ppm Cu recht beträchtlich ins Gewicht fallen. Der Abschnitt zum globalen Kohlenstoffkreislauf faßt den Stand der Modellierung dieses wichtigen biogeochemischen Kreislaufs auf modernem Stand zusammen, wobei insbesondere die extrapolierten CO_2-Werte in der Atmosphäre bis weit ins nächste Jahrtausend von Interesse sind. Es ist bemerkenswert, wie ein so hoch-nicht-lineares System durch eine Reihe zweckmäßiger Annahmen beschreibbar gemacht werden kann. Die vielen Daten der $^{13}C/C$ und $^{14}C/C$-Verhältnisse gestatten als unabhängige Differentialgleichungen manchen detaillierten Einblick. Der Beitrag über chemische Limnologie hätte durch bereits in der Literatur mehrfach beschriebene und zur Interpretation herangezogene Isotopenwerte ($\delta^{15}N$, $\delta^{13}C$, $\delta^{34}S$) der entsprechenden chemischen Spezies ergänzt werden können. Die vielseitigen Reaktionen, wie sie durch die mikrobiologischen Enzymsysteme ablaufen können, ordnen sich sozusagen am Anfang und am Ende der großen Nahrungskette ein und bewegen riesige Stoffströme in der Natur. Ganz im Sinne einer systemvollen Darstellung werden die wichtigsten Bioelementkreisläufe (C, N, S, Fe, Mn, Si) gesondert behandelt, wenn auch alle Elemente im Reigen miteinander und geordnet nach Redoxpotentialen ablaufen.

Auch dieser Teilband zeichnet sich wieder durch eine bemerkenswert hohe Aktualität der Literatur aus: von den insgesamt 969 Zitaten entfallen auf die Jahre 1980—85 allein 410 Zitate (≙ 42,3%). Dem Umweltchemiker — womit auch immer er sich befaßt — wird mit dem vorliegenden Teilband ein wertvolles Hilfsmittel in die Hand gegeben, das ihn mit einer Fülle von Informationen versieht. In zahlreichen Fällen wird er auch ohne Zuhilfenahme der Originalliteratur Zusammenhänge erkennen können und Fragen beantwortet bekommen. Somit reiht sich auch dieser Teilband in das bisher einzige umfassende Handbuch über Umweltliteratur nahtlos ein. *H. Hübner*

Die Spur des Lebens, Paläontologie — chemisch betrachtet Evolution, Katastrophen, Neubeginn

H. D. Pflug. Berlin — Heidelberg — New York — Tokyo: Springer-Verlag 1984. 167 S., 79 Abb., 15 Tab.; karton. DM 28,80

Vor mehr als 200 Jahren begann man sich mit wissenschaftlich zunehmender Fragestellung der Fossilien anzunehmen, obwohl auch manche Irrwege in der Deutung beschritten wurden. Es sei nur an das aus Resten verschiedener Säugetiere rekonstruierte Einhorn des bekannten Otto von Guericke erinnert. Vieles ist in der Zwischenzeit an paläontologischem Wissen angehäuft worden, vieles kann jetzt verstanden und in die Entwicklungsgeschichte des Lebens eingeordnet werden. Es ist auch verlockend, die vielen Fragen nach dem Warum in eine andere Richtung zu lenken: warum und unter welchen (chemischen) Voraussetzungen entstanden diese oder jene Lebewesen? Und welche Gründe führten so häufig zu ihrer fast völligen Vernichtung?

Der Autor, Professor des geologisch-paläontologischen Instituts der Universität Gießen, bekannt im Schrifttum und Kenner vieler Kapitel der Evolution des Lebens auf unserer Erde, hat — wie der Untertitel deutlich macht — nach den chemischen Ursachen dieser Evolution gefragt oder — anders formuliert —, was kann die Chemie zu den biologischen Entwicklungen und Wegen aussagen? In einzelnen, leicht überschaubaren Abschnitten werden die Spuren des Lebens in den unterschiedlichsten geologichen Zeiträumen betrachtet und immer der Versuch unternommen, Bezüge zur Chemie damit zu schaffen; das bekannteste Beispiel ist die Zunahme des Sauerstoffgehalts in der Atmosphäre und der sich dadurch aufbauende Ozonschild, um die abtötenden UV-Strahlen der Sonne zurückzuhalten. Erst danach war eine Landbesiedlung durch die Pflanzen und Tiere möglich. Die so faszinierenden Fragen nach der Entstehung des Lebens und den Entstehungsbedingungen werden gestellt und moderne Vorstellungen über die mehrfach eingetretenen, weltweiten Extinktionen werden diskutiert (Alvarez-Theorie und Panspernie-Theorie). Daß neben den chemischen Analysenmethoden auch die Isotopenmethoden Aufschlüsse über manche Probleme liefern, wird zwanglos mit einbezogen.

Man wünscht sich, am Ende noch mehr Fragen in dieser Weise beantwortet zu bekommen: welche Rolle spielt der Stickstoff und seine Verbindungen bei der Evolution (Broda)? Warum wurden C_4-Pflanzen mit der Kranzanatomie entwickelt? u. ä. m. Alles kann eine solche einführende Schrift nicht beantworten, aber die Neugier darauf bleibt bestehen, und dies scheint noch wertvoller zu sein als ein Versuch, vieles beantworten zu wollen. Faßt man zusammen, so ist die vorgelegte Schrift einfach, anschaulich und nicht selten fesselnd geschrieben — Attrib ute, die einen breiten Interessentenkreis erwarten lassen. *H. Hübner*

ISOTOPENPRAXIS

Band 22 1986 Heft 9

		Contents	Inhalt
		Articles	**Originalarbeiten**
J. Fellinger, P. Schmidt, K. Hübner	297	25 Years TL/OSL-Dosemetry at the Technical University in Dresden	►25 Jahre TL/OSL-Dosimetrie an der Technischen Universität Dresden
P. Klinger, K. Prokert, D. Zappe	306	Trends of Development of Szintillation Detectors — A Progress Report	►Entwicklungstendenzen bei Szintillationsdetektoren — Fortschrittsbericht
G. Reichel, W. Stolz	313	Device for Continuous Read-out Thread-shaped Thermoluminescent Dosemeters	►Apparatur zur kontinuierlichen Auswertung fadenförmiger Thermolumineszenzdosimeter
K. Irmer, R. Pötschke	316	Investigation of Concentration Measurement of Carbon based on Inelastic Scattering of Neutrons	►Untersuchung der Messung der Kohlenstoffkonzentration mit Hilfe der unelastischen Neutronenstreuung
W. Pippel, H. J. Oelmann, K. Klötzer	321	Development of a Chemical Reactor for Liquid-phase Processes based on Residence Time Measurement by the Aid of Tracer Techniques	►Entwicklung eines Reaktors für Flüssigphasenreaktionen auf der Grundlage von Verweilzeitmessungen mit Hilfe von Tracermethoden
H. Koch, K. Bergmann	324	30 Years of Practical Training Course on Applied Radioactivity	►30 Jahre Praktikum der angewandten Radioaktivität
B. Lonský, J. Hons	328	Dissolution of Alloy Admixtures in the Pan	►Die Auflösung von Legierungszuschlägen in der Pfanne
A. B. Kraś, L. Waliś, A. Lutze-Birk	330	►A Method of Autoradiographic Investigation of Carbon Diffusion from a Gaseous Phase through Barrier Layers created on Constructional Materials	Eine autoradiographische Methode für die Untersuchung der Kohlenstoffdiffusion aus einer Gasphase durch Sperrschichten auf Baumaterialien
		Letters to the Editor	**Kurze Originalmitteilungen**
G. Brunner	333	►Table of Mass Attenuation Coefficients for X-Rays up to 40 keV	Tabelle der Masseverringerungskoeffizienten für Röntgenstrahlen bis zu 40 keV
W. Sobek, J. Rieger, S. Riedel	334	Characterization of Graft Copolymers by Tracer Techniques	►Charakterisierung von Pfropfcopolymeren durch radioaktive Markierung
	335	**New Books**	**Buchbesprechungen**

►Language of Publication ►Publikationssprache

Isotopenpraxis is indexed in Current Contents/PC & ES, Science Citation Index, and INIS Atomindex

FSC
www.fsc.org
MIX
Papier | Fördert gute Waldnutzung
FSC® C083411

Kolibri 360 GmbH
Ferdinand-Jühlke-Straße 7
99095 Erfurt, Deutschland
produktsicherheit@kolibri360.de